高等教育“十二五”应用型人才重点建设规划教材

机械制图习题集

（第2版）

主　编　余　萍　涂筱艳　成海涛
副主编　郭爱明　万会恩　熊建强
主　审　熊　坚

北京理工大学出版社
BEIJING INSTITUTE OF TECHNOLOGY PRESS

图书在版编目（CIP）数据

机械制图习题集／余萍，涂筱艳，成海涛主编．—2版．—北京：北京理工大学出版社，2010.8（2012.9重印）

ISBN 978-7-5640-3666-9

Ⅰ.机… Ⅱ.①余… ②涂… ③成… Ⅲ.机械制图-高等学校-习题 Ⅳ.TH126-44

中国版本图书馆CIP数据核字（2010）第160255号

出版发行／北京理工大学出版社
社　　址／北京市海淀区中关村南大街5号
邮　　编／100081
电　　话／（010）68914775（办公室）　68944990（批销中心）　68911084（读者服务部）
网　　址／http：//www.bitpress.com.cn
经　　销／全国各地新华书店
印　　刷／保定市中画美凯印刷有限公司
开　　本／787毫米×1092毫米　1/16
印　　张／15
字　　数／152千字
版　　次／2010年8月第2版　2012年9月第7次印刷
印　　数／19001～21000册
定　　价／24.00元

责任编辑／陈　竑
责任校对／张沁萍
责任印制／吴皓云

前　　言

本习题集与熊建强等主编的《机械制图》（第 2 版）配套使用，内容有：制图的基本知识和技能；正投影法和三视图；点、直线和平面的投影；基本体；轴测图；截交线；相贯线；组合体；图样画法；标准件和常用件；零件图；装配图等。习题类型有作图题、选择题、构型设计题等。各部分内容均有不同难度的题目，且有一定数量的题目可供选择。本习题集可与任何机械制造类专业的高职高专制图教材配套使用，也可供有关工程技术人员参考。

由于编者水平有限，本书难免还存在一些缺点和错误，恳请广大读者批评指正。

编　者

目　录

1.1 字体综合练习

机 械 制 图 标 准 摆 线 转 子 泵 工 作 原 理 与 结 构 分 析 砂

技 术 要 求 旋 转 拆 卸 深 斜 座 热 处 理 表 面 粗 糙 度 展 开 不 大 于 标 注 示 例 尺 寸

0 1 2 3 4 5 6 7 8 9 ϕ　A B C D E F G H I J K L M N O P Q R S T U V W X Y Z

轮 架 钢 球 无 级 变 速 器 技 术 交 流 的 工 具 主 轴 箱 体 轴

材 料 锥 度 厚 比 配 线 外 圆 磨 床 钢 无 级 变 速 器 万 能 分 度 头 装 配 图 工 作 原 理

0 1 2 3 4 5 6 7 8 9 ϕ　*a b c d e f g h i j k l m n o p q r s t u v w x y z* α β γ δ π

1.2 线型练习

在指定位置将左图抄绘两遍。

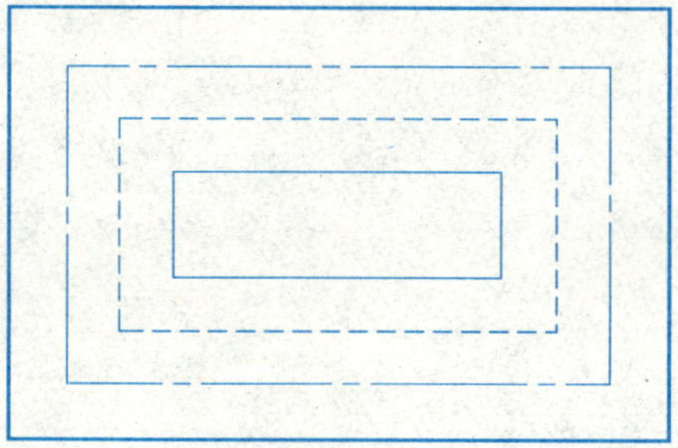

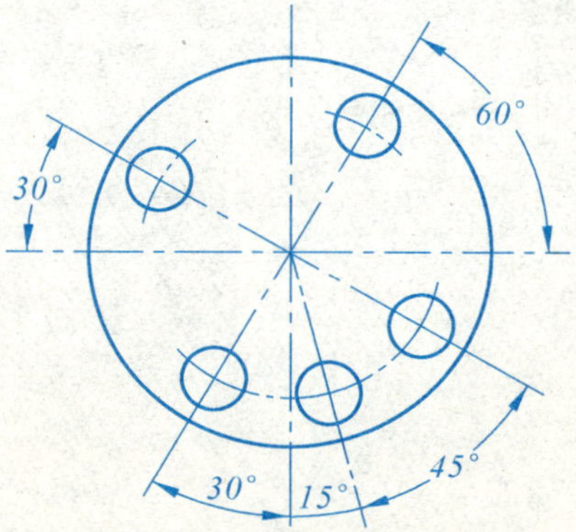

1.3 标注下列尺寸

1.补全尺寸数值和箭头（量取整数）。

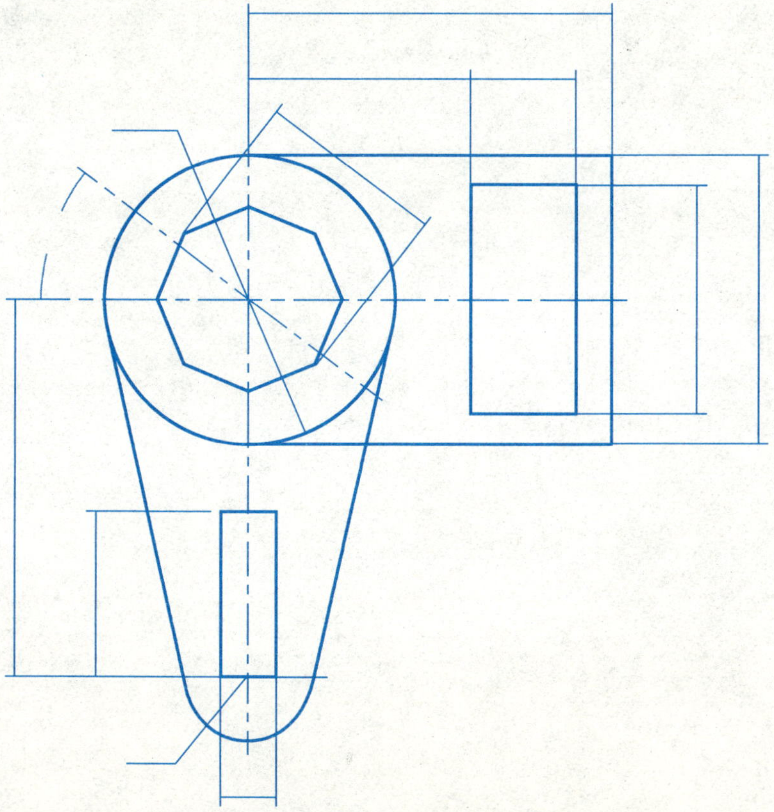

2.标注直径和半径尺寸。

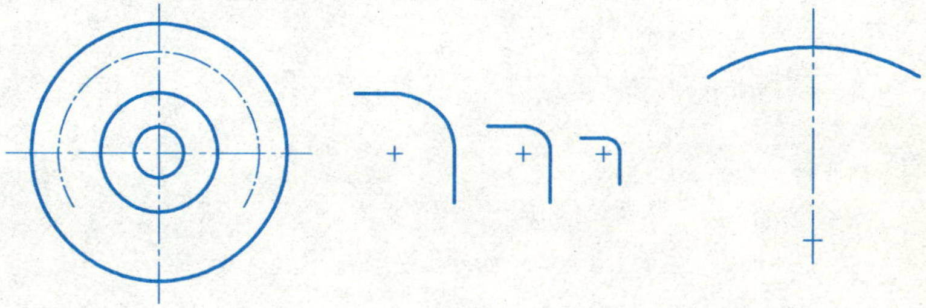

3.在图上标注尺寸（量取整数）。

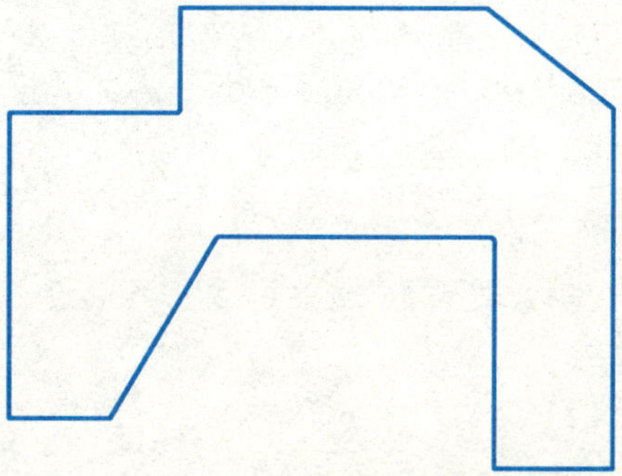

1.4 标注尺寸

1.补画箭头并填写线性尺寸和角度尺寸（量取整数）。

2.根据尺寸注法的规定，标注下列图形的尺寸（量取整数）。

(1)

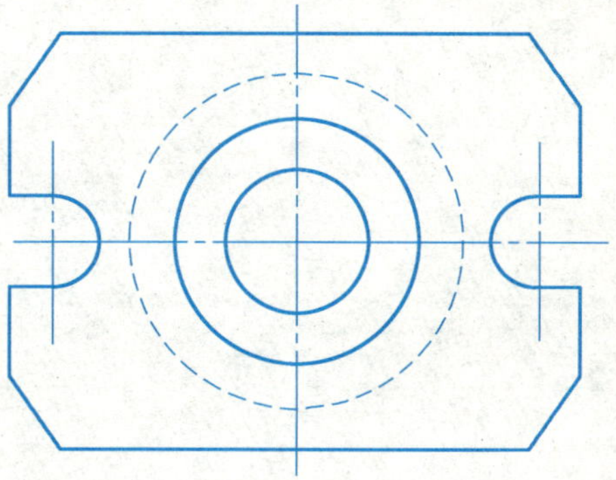

(2)

1. 斜度练习。(1:1)

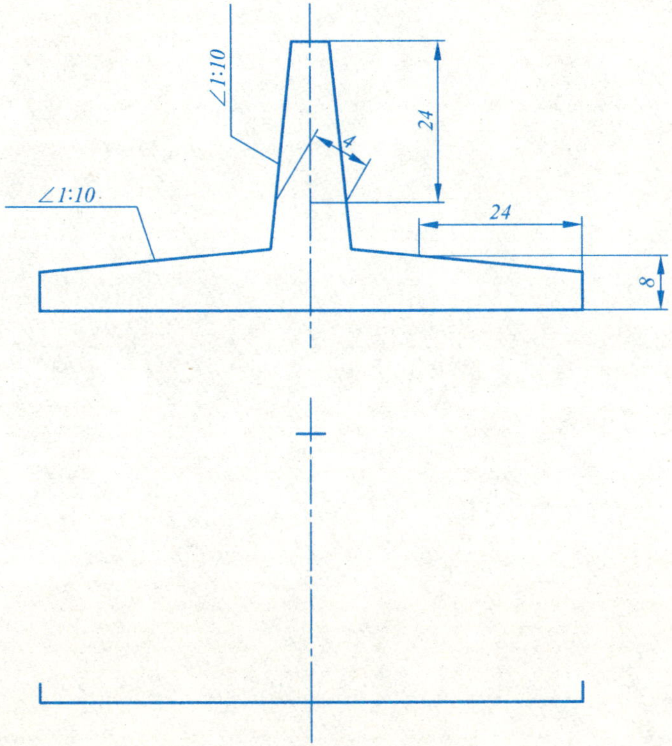

2. 锥度练习。(1:1)

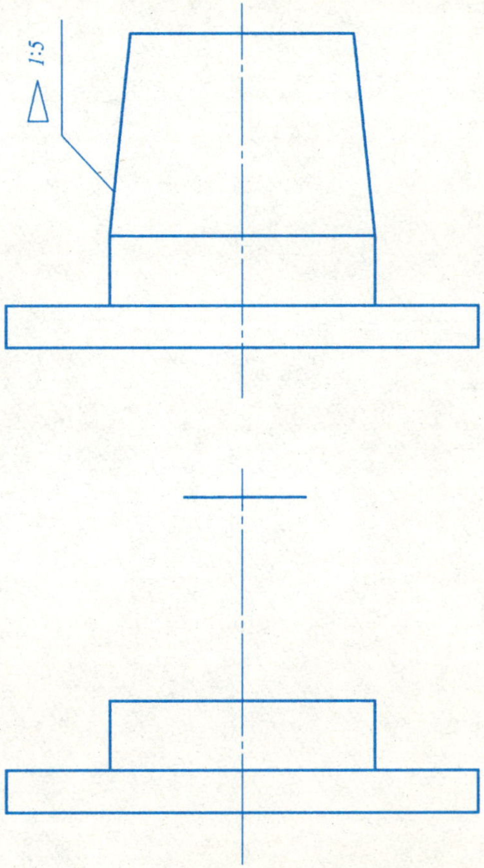

3.在空白处抄画平面图形。

(1)

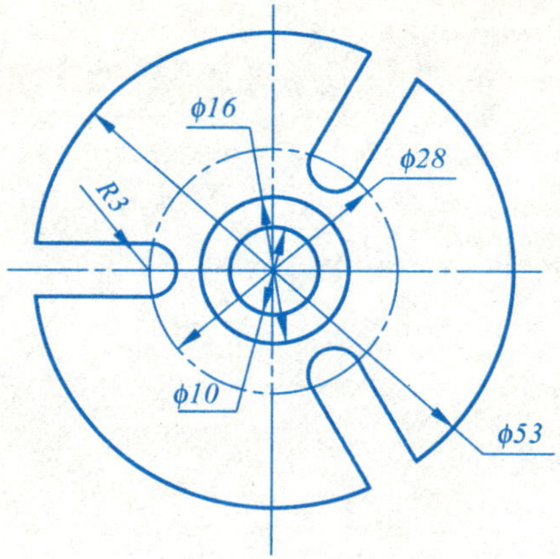

(2)

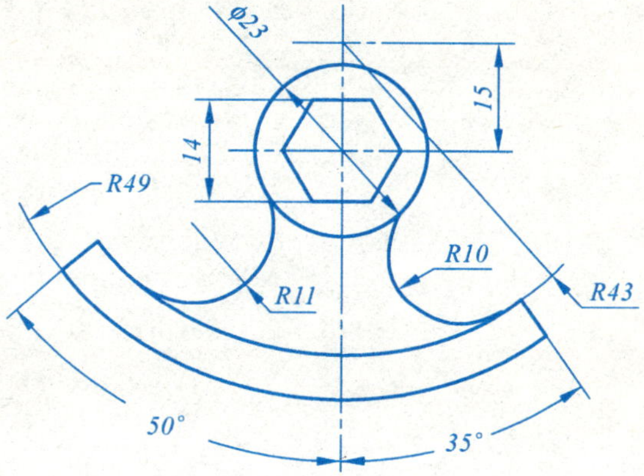

4.完成图形的线段连接（比例 1:1），标出连接弧圆心和切点。

(1)

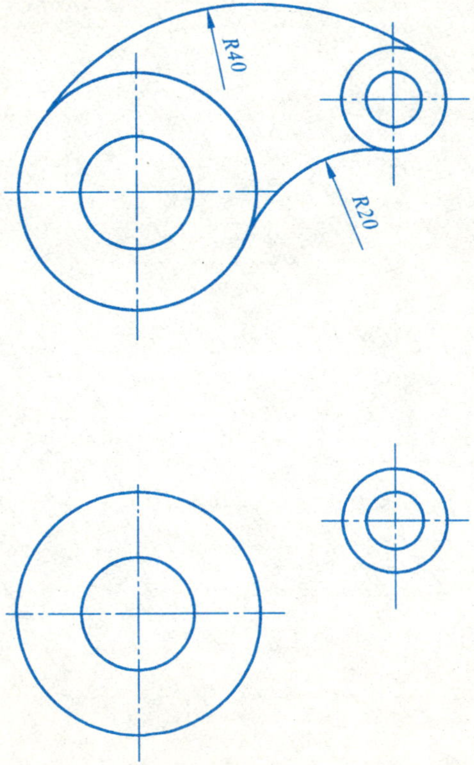

(2)

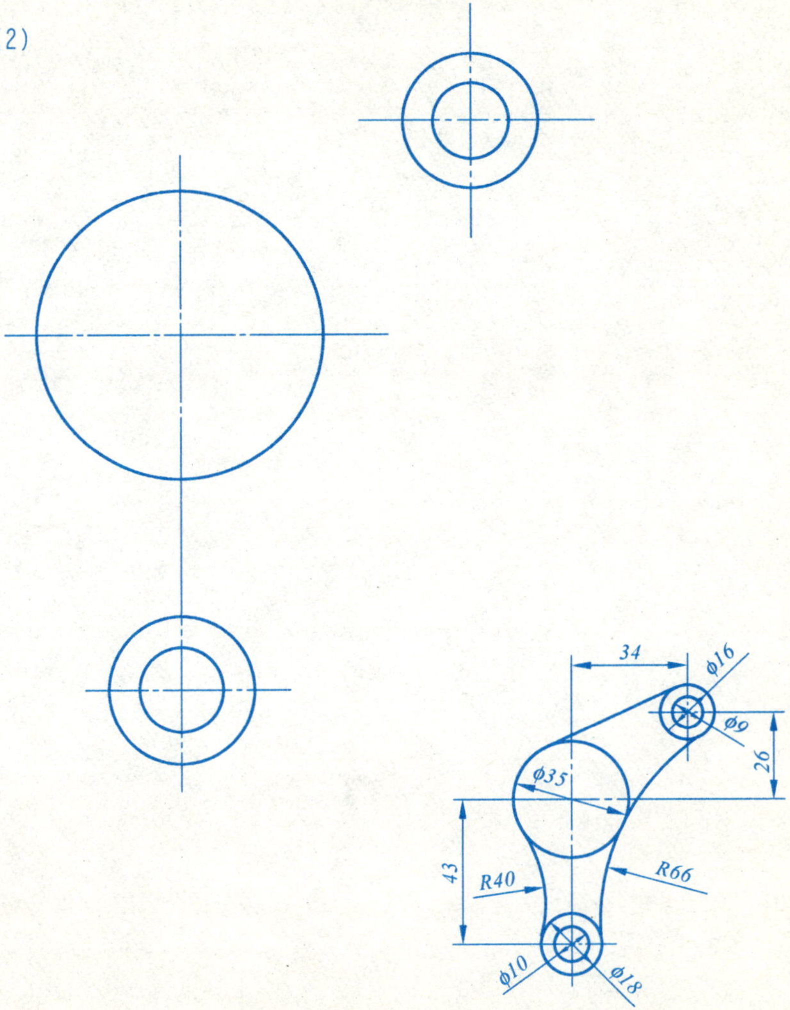

作业指导书

1. 目的：

掌握圆弧连接的作图方法，正确对平面图形的尺寸进行分析，熟悉平面图形的作图步骤和进行尺寸标注。

2. 内容：

用1:1的比例选适当的幅面抄画平面图形。

3. 要求：

布置适当、图形正确、线型标准、字体工整、尺寸齐全且标注符合国家标准，图面整洁。

4. 步骤：

(1) 图形及尺寸分析；

(2) 布置图形；

(3) 画底稿；

(4) 检查并加深图线；

(5) 标注尺寸和填写标题栏。

5. 注意事项：

图框和标题栏要按规定的尺寸作出，布置图形时应考虑留出尺寸标注的位置，要准确地作出各连接圆弧的圆心、切点位置并加以标记，加深前务必仔细校核，同类图线的宽度要一致。

(1)

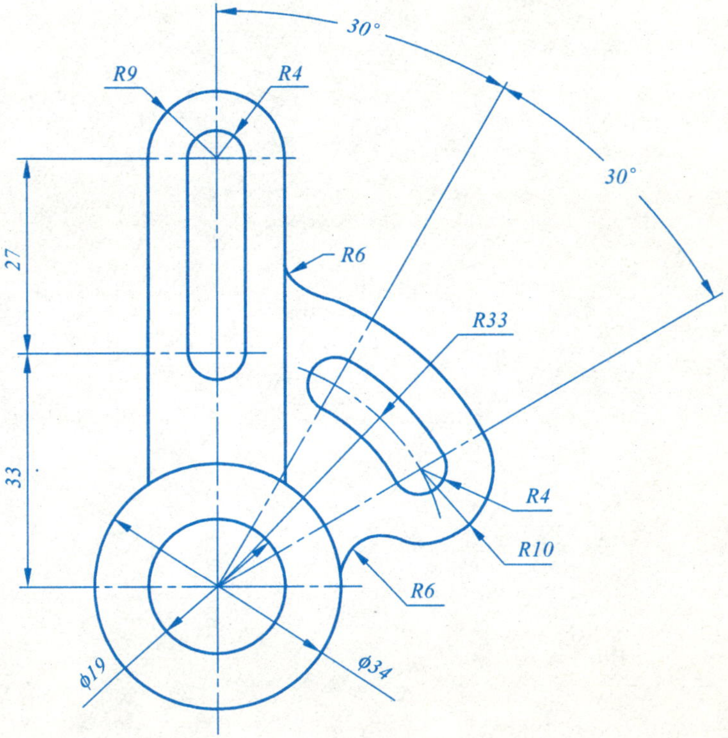

(2)

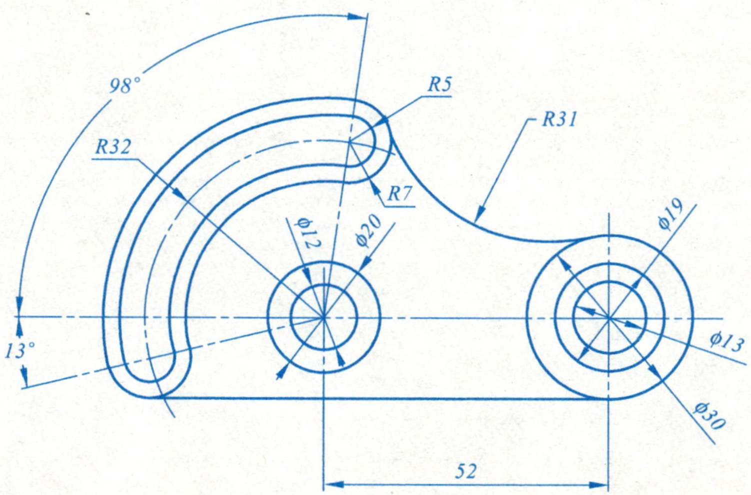

98°
R5
R31
R32
R7
φ12
φ20
φ19
13°
φ13
φ30
52

(3)

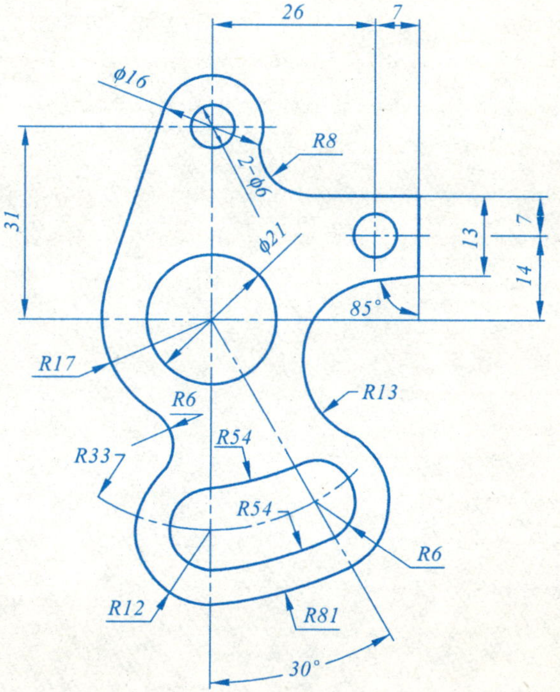

26
7
φ16
R8
2-φ6
31
φ21
13
7
14
85°
R17
R13
R6
R54
R33
R54
R6
R12
R81
30°

第 2 章　正投影法和三视图

2.1　投影法的基本知识

1. 将立体图上的长、宽、高三个方向的尺寸名称填写在（　　）内，在视图周围的圆圈内填写立体的上、下、左、右、前、后方位。

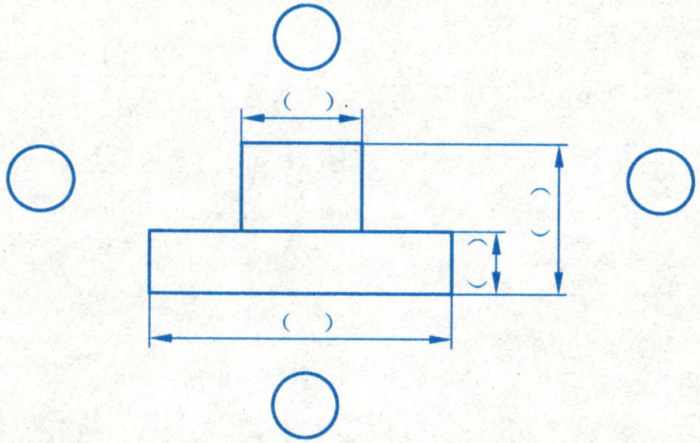

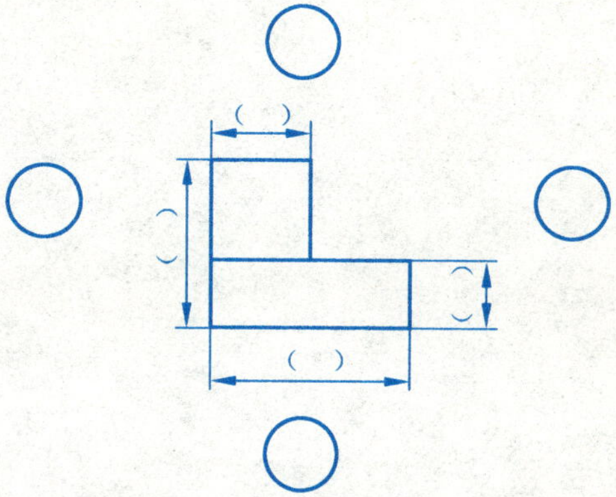

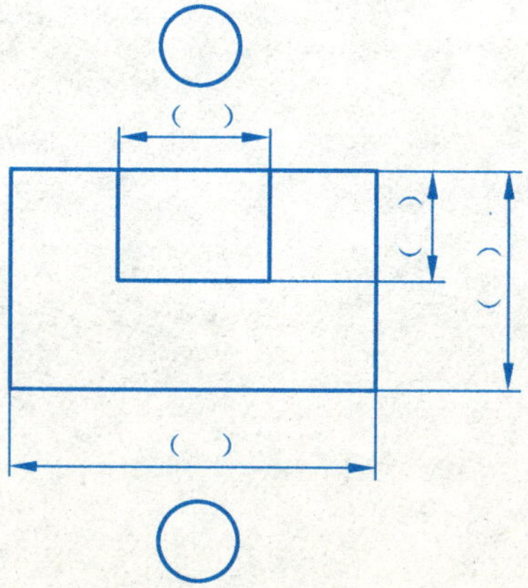

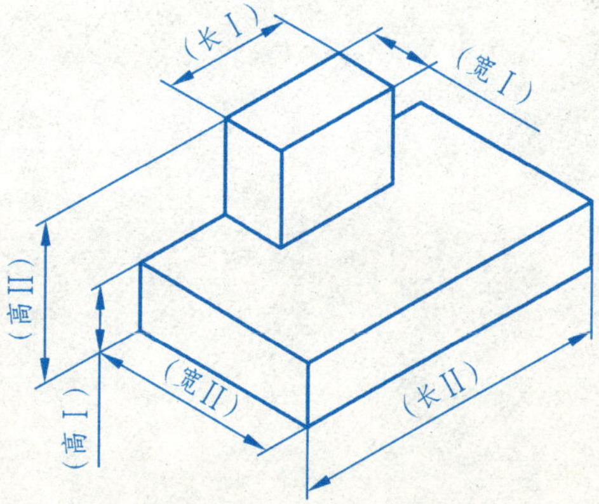

2.2 三视图

1.将三视图的编号填入对应的立体图圆圈中。

(1)

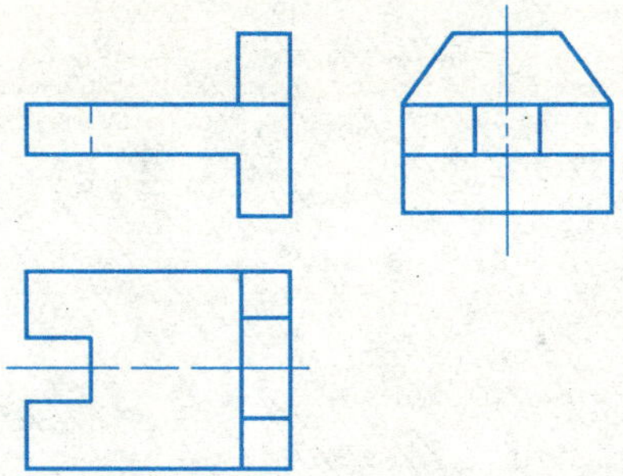

(2)

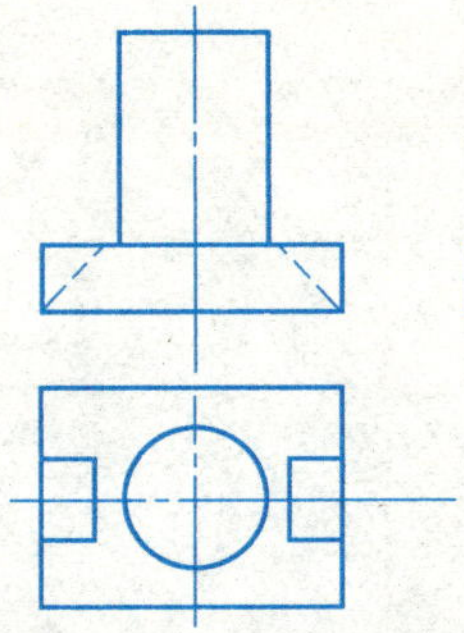

(3)

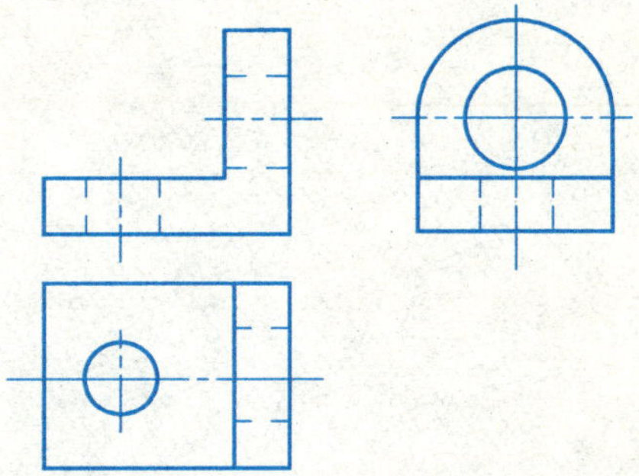

(4)

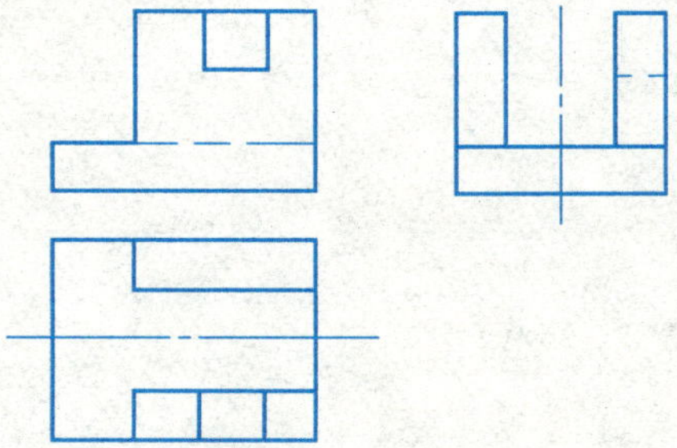

(5)

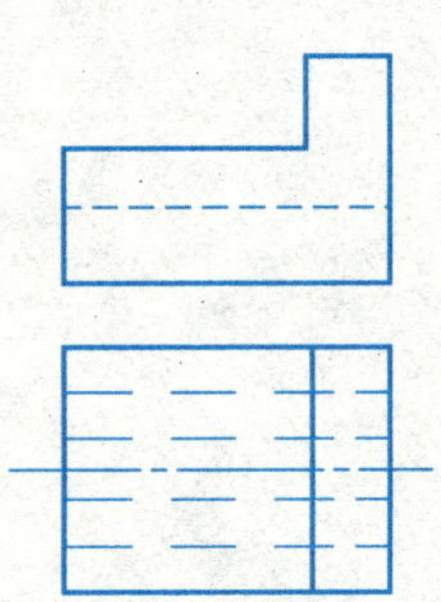

(6)

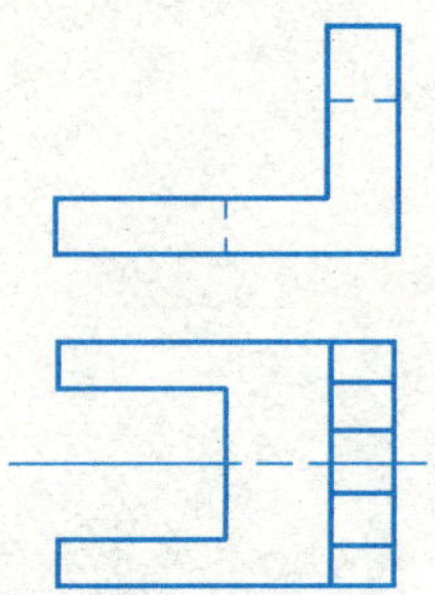

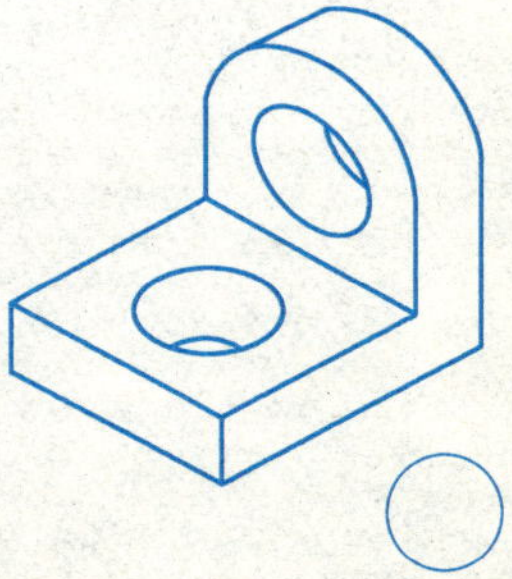

班级		姓名		学号	

2.根据立体图画三视图（尺寸从图中量取整数）。

(1)

(2)

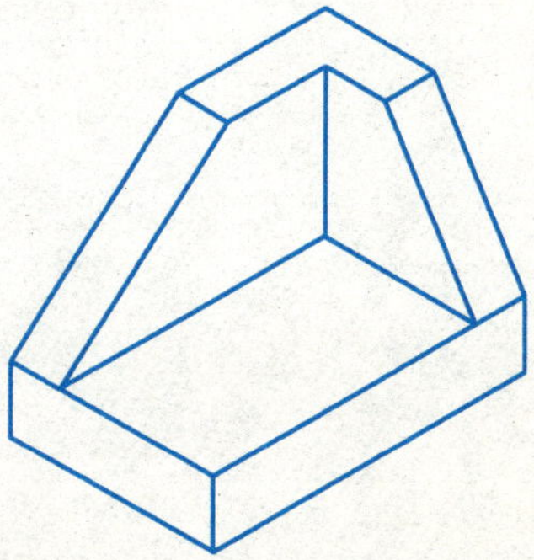

3.对照立体图，补画视图中所缺漏的图线。

(1)

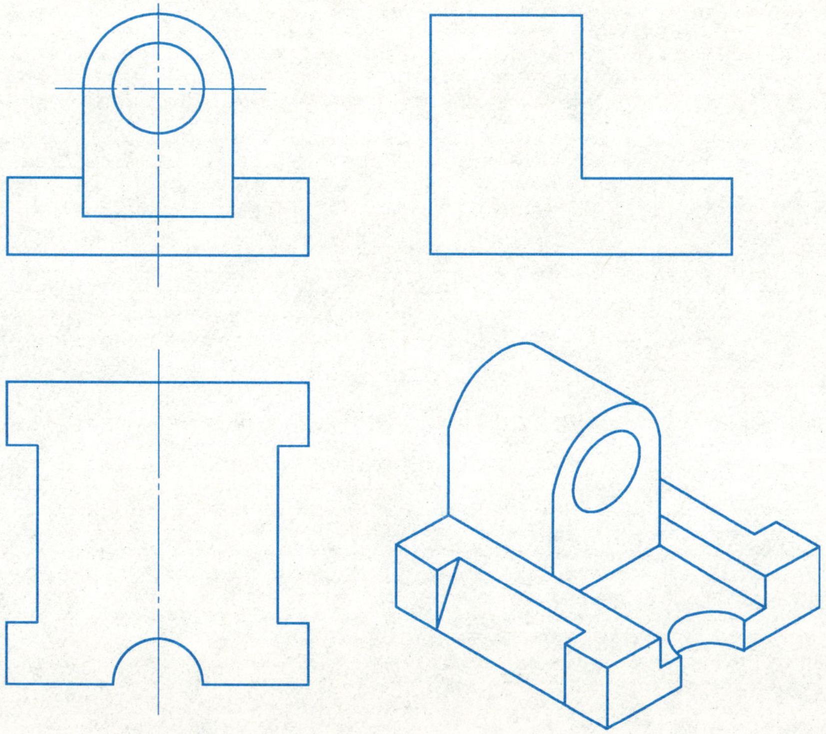

(2)

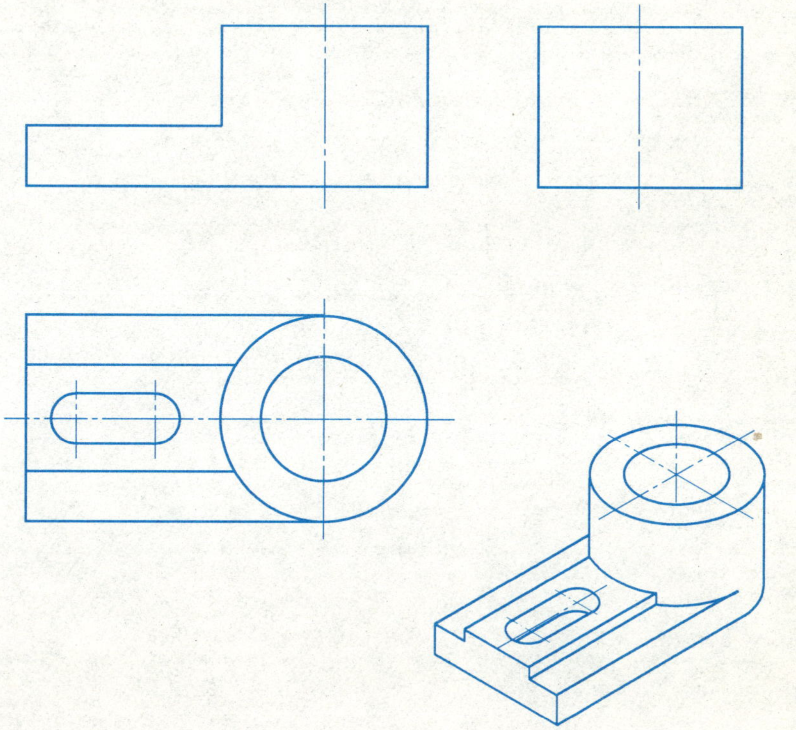

第3章　点、直线和平面的投影

3.1　点的投影

1.完成 *A* 点的轴测图并作出其三面投影图（尺寸从图中量取）。

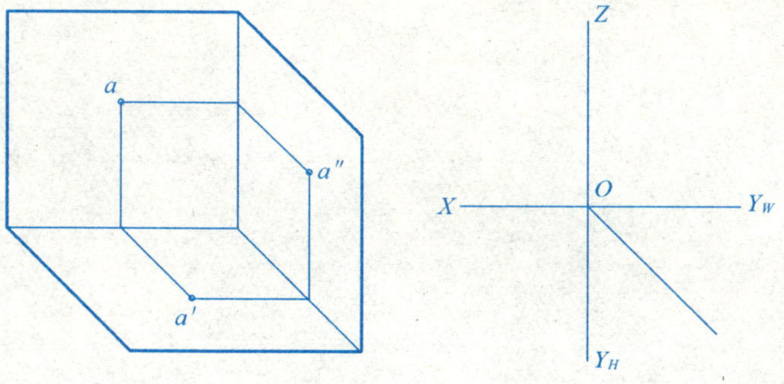

2.已知点 *A*、*B* 的二面投影，求作第三面投影并判断 *A*、*B* 两点的位置。

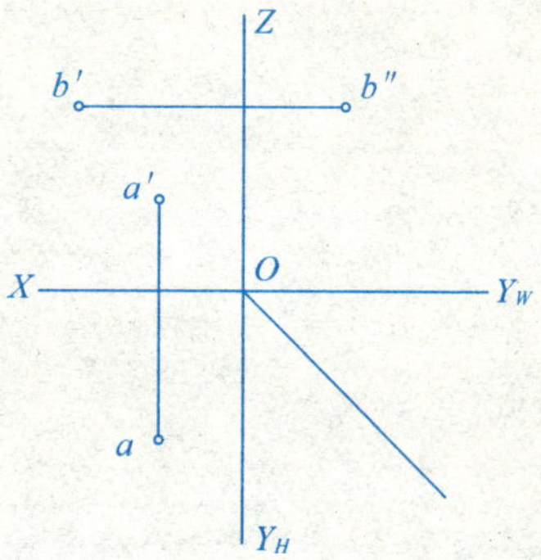

*A*点在 *B* 点的_____、_____、_____方。

3.已知点 *A*、*B* 的一面投影，又知点 *A* 距 *V* 面 15，点 *B* 在 *H* 面上，试分别作 *A*、*B* 两点的另两面投影。

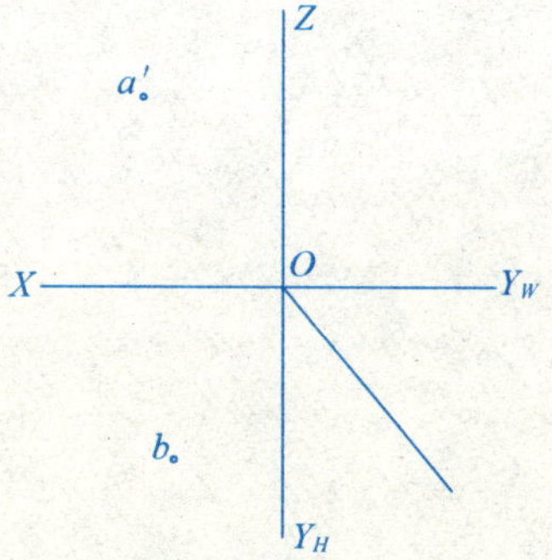

4.已知四棱锥底面 *ABCD* 的三面投影，又已知四棱锥顶点 *O* 的坐标为（20，15，10），试完成四棱锥的三面投影。

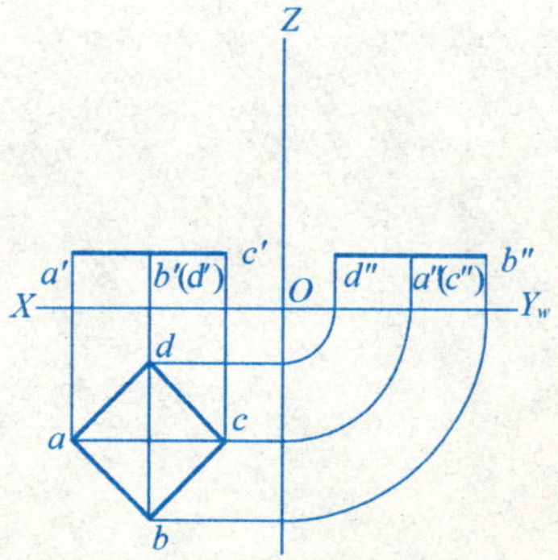

3.2 直线的投影

1.求下列直线的第三面投影，并判断它们的空间位置。

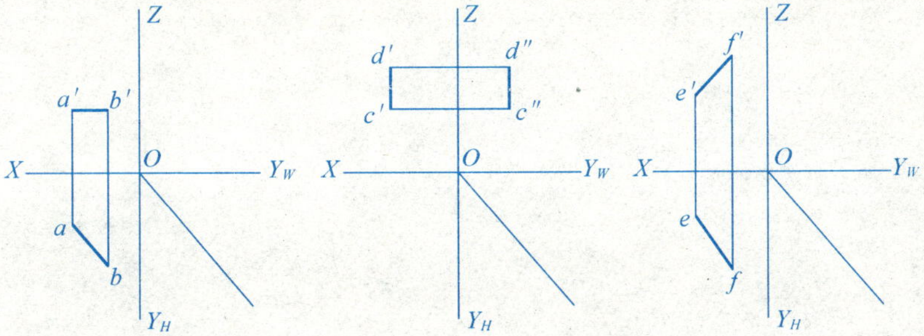

AB是＿＿＿线　CD是＿＿＿线　EF是＿＿＿线

2. 过 A 点作水平线 AB=20，过 C 点作侧垂线 CD=20。

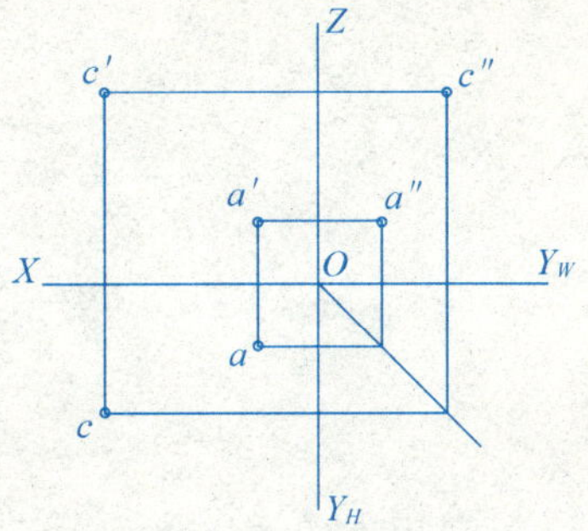

3. 已知 EF 为铅垂线，且它到 V 面和 W 面的距离相等，作出它的另两面投影。

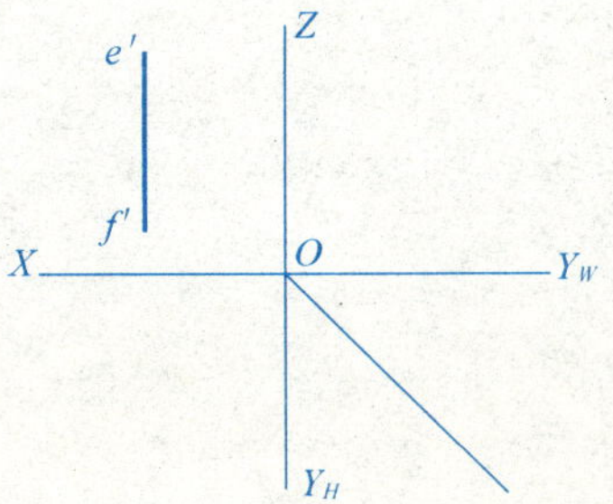

4. 填空：判断下列两直线的相对位置（平行、相交、异面）。

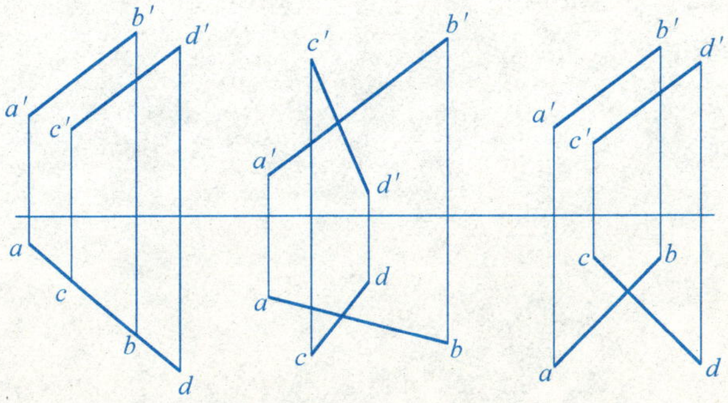

＿＿＿＿＿、＿＿＿＿＿、＿＿＿＿＿

5.已知 AB 与 CD 相交，求 AB 的水平投影。

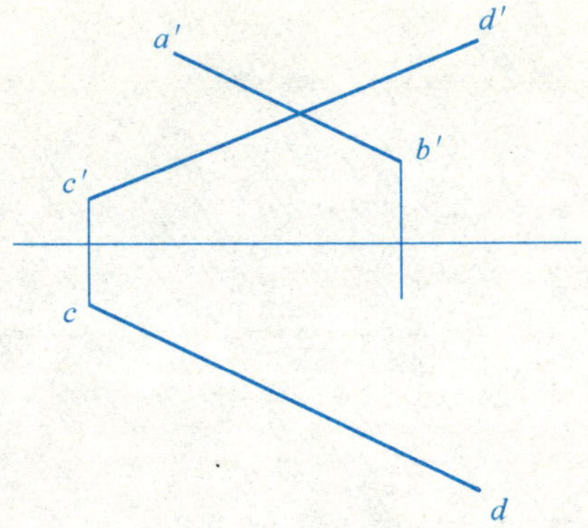

6.作一直线与直线 AB、CD 相交，且与直线 EF 平行。

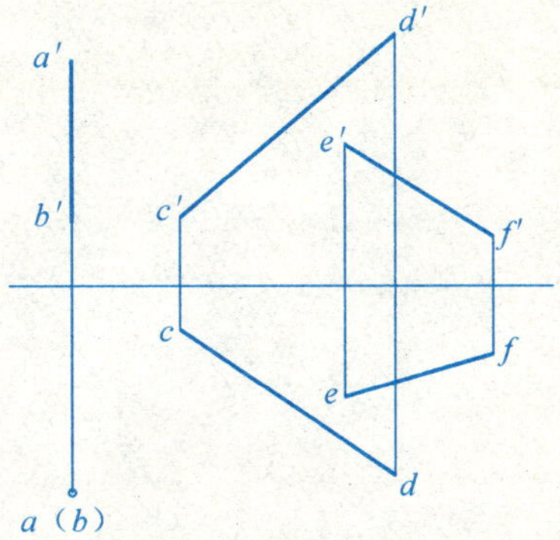

7.判断两直线重影点的可见性。

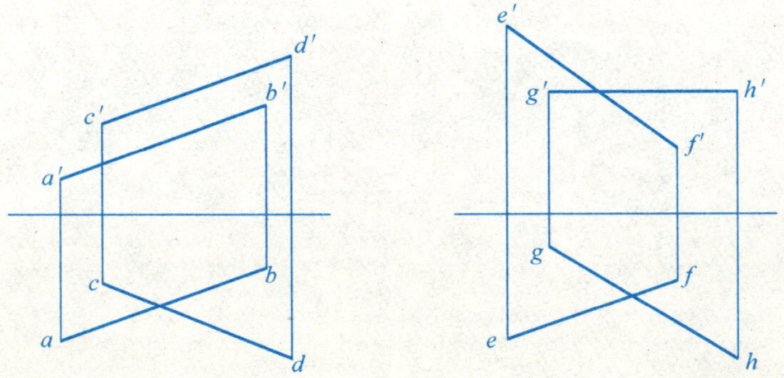

8.过 E 点作直线 EF 与已知直线 AB、CD 相交，求作直线 EF 的两面投影。

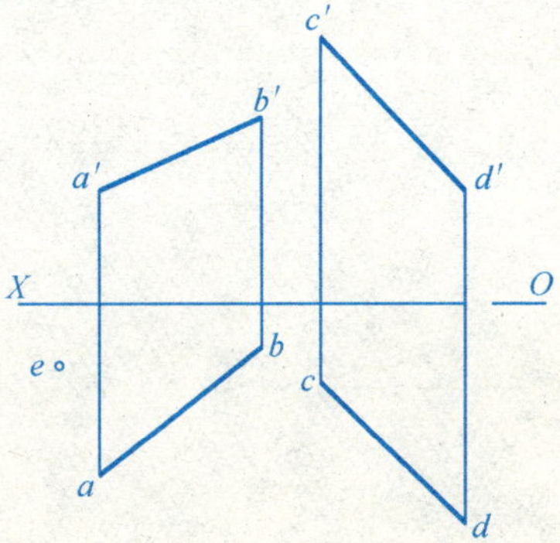

1.写出下列平面相对于投影面的空间位置名称。

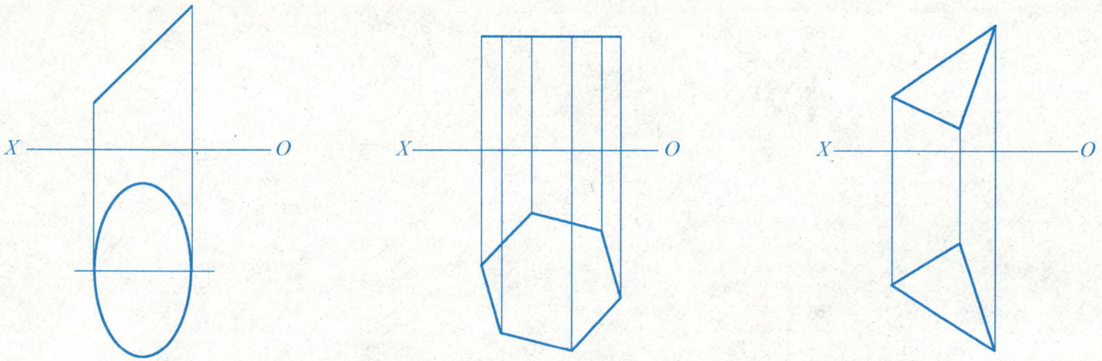

圆　　是________面

六角形是________面

三角形是________面

2.作出平面的侧面投影，并作出平面上 E 点的另两个投影。

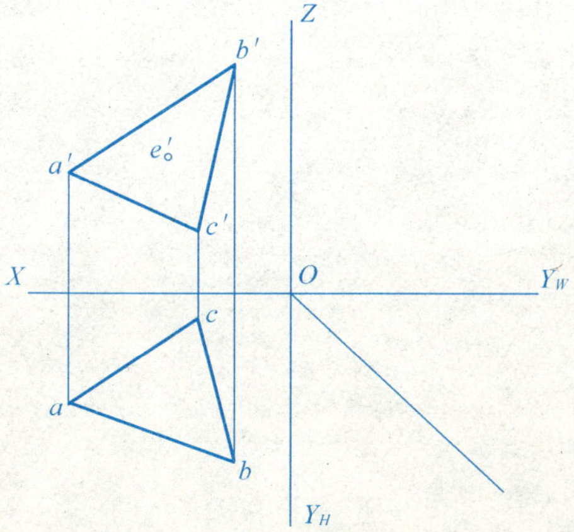

3.完成四边形 $ABCD$ 的正面投影。

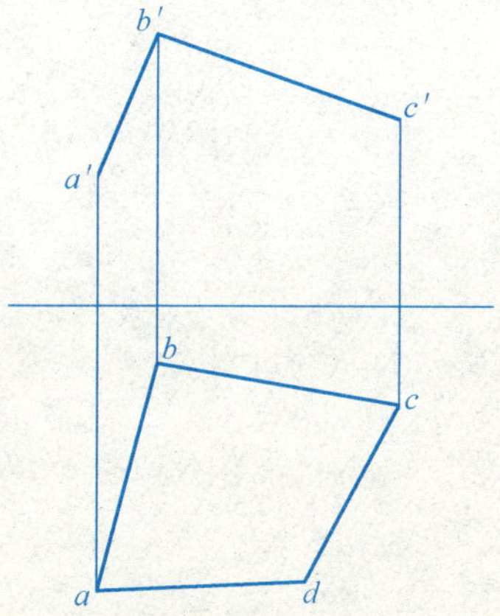

4.过已知直线 AB 作一铅垂面的投影。

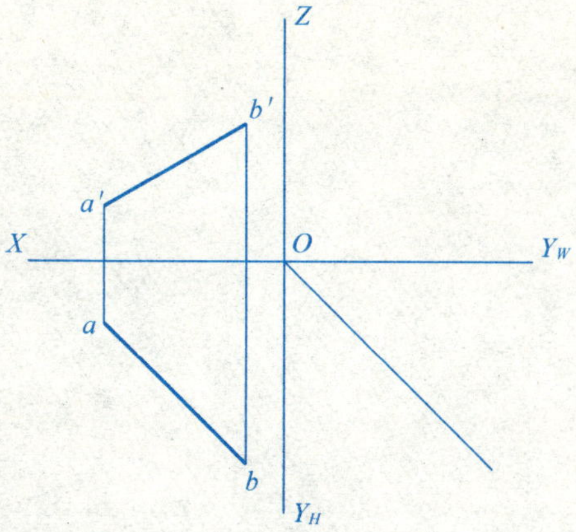

5.过已知直线 AB 作一正垂面的投影。

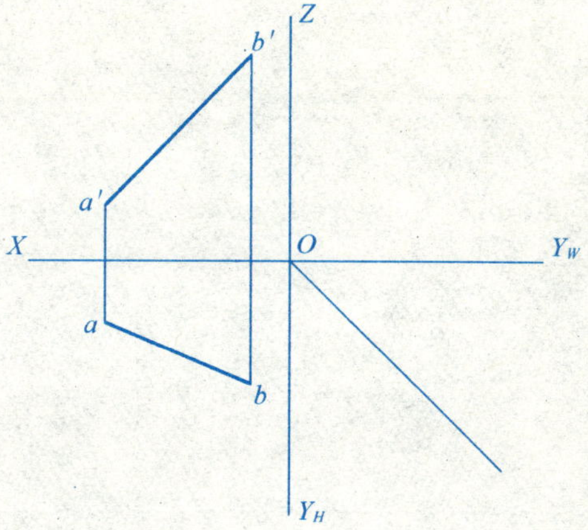

6.过已知 A 点作一水平面的投影。

7.完成平面图形的第三面投影。

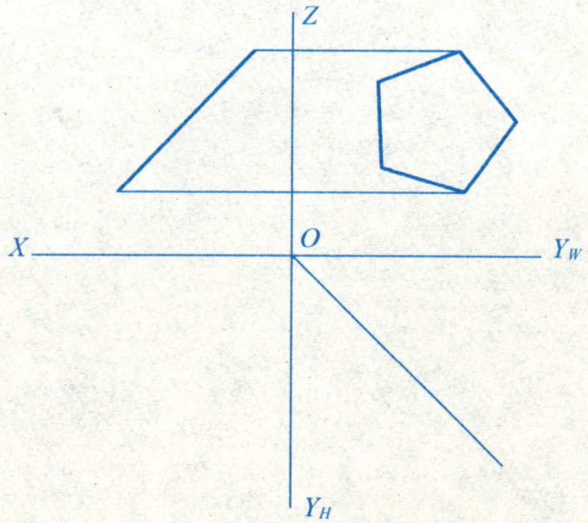

3.4 平面内的点和直线

1.判断点 E 是否在 ABC 平面上。

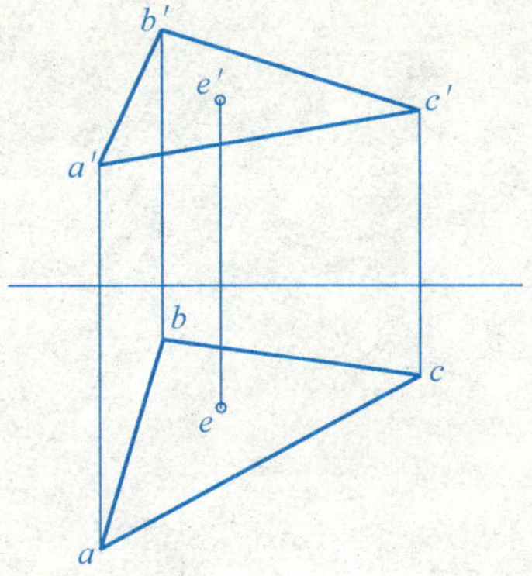

2.判断直线 EF 是否在 ABC 平面上。

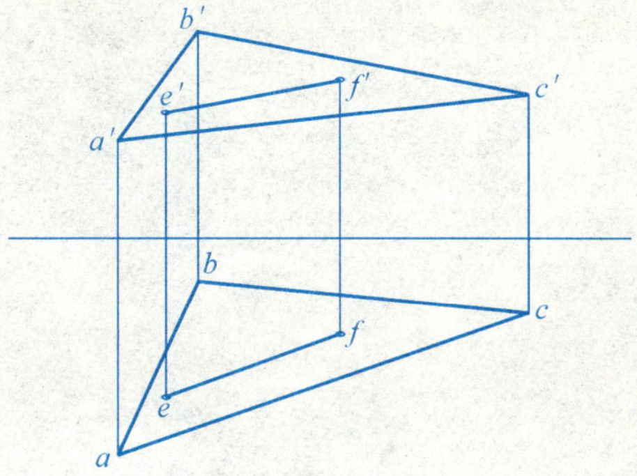

3.求出直线与平面的交点并判别可见性。

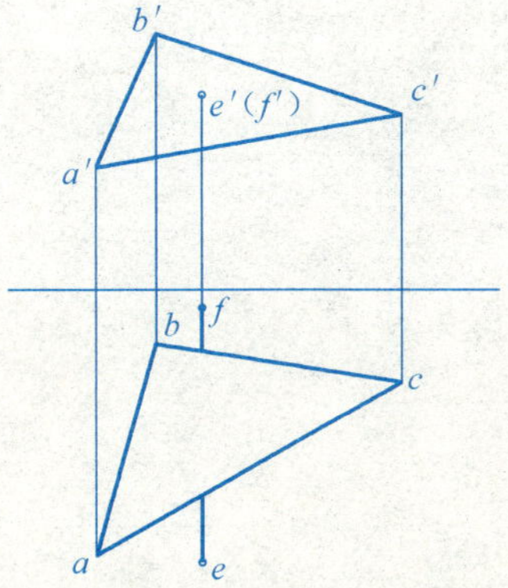

4.判断直线 AE 是否在 ABC 平面上。

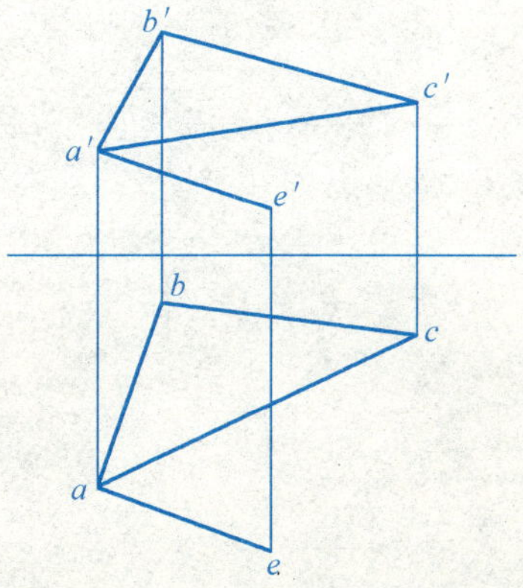

5.完成平面 ABC 上 EF 线的投影。

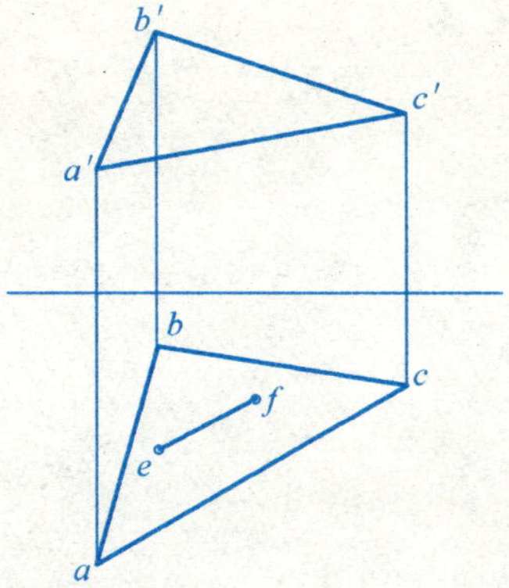

6.在平面 ABCD 上过 E 点作水平线 EF 的投影。

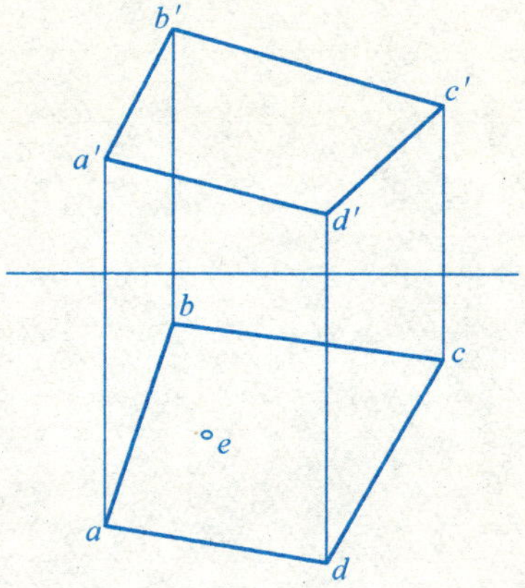

7.在平面 ABC 上作水平线 EF，使 EF 与 H 面的距离为 20。

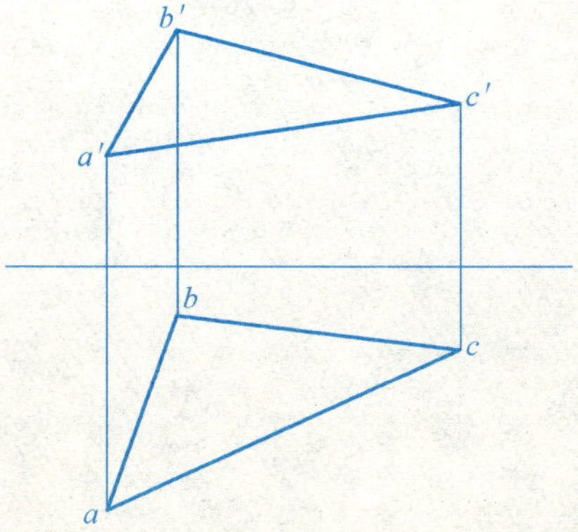

8.求出直线 EF 与 ABC 平面的交点并判别可见性。

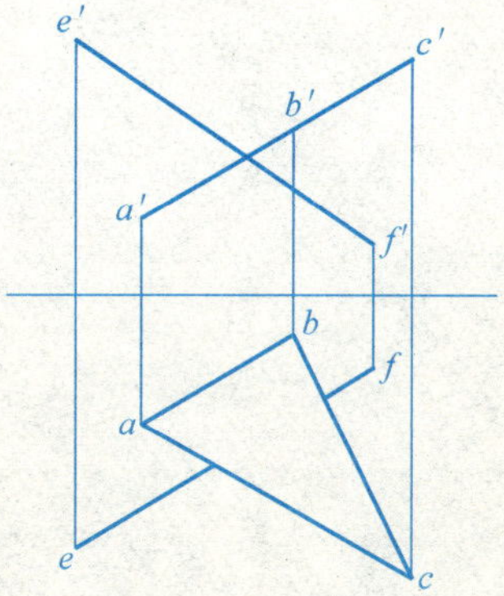

4.1 平面体

根据立体已知两视图及其表面点、线的投影，求立体的第三视图及表面点、线的其他两投影。

(1)

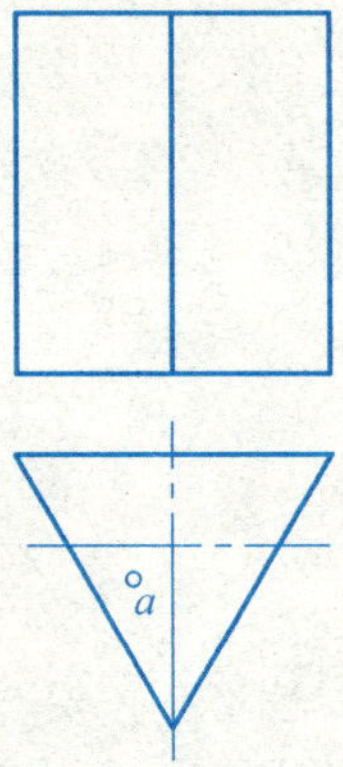

(2)

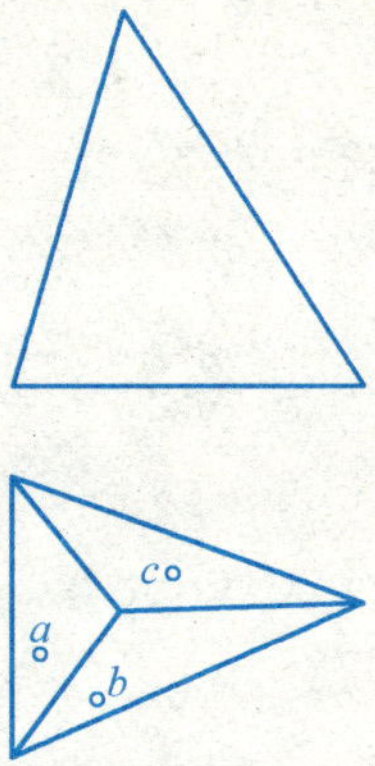

(3)

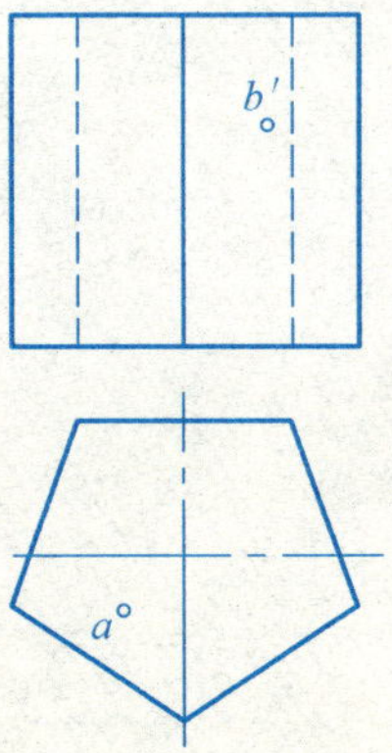

(4)

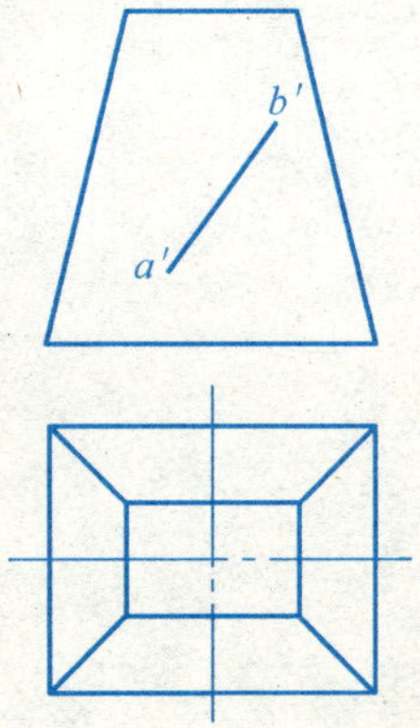

4.2 回转体

1.求立体表面上 AB 线的投影。

(1)

(2)

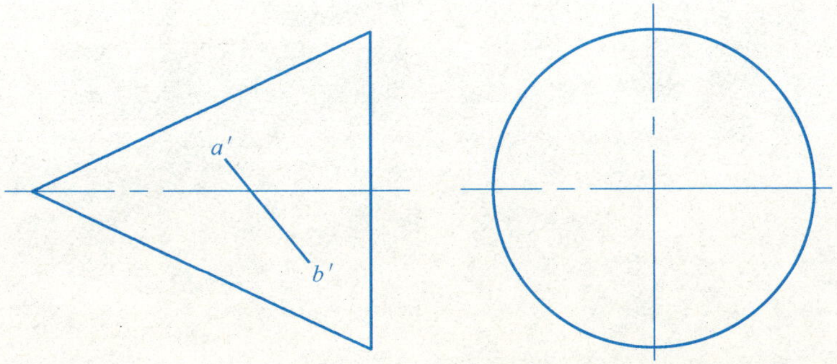

2.求立体的第三视图及表面点、线的其他两投影。

(1)

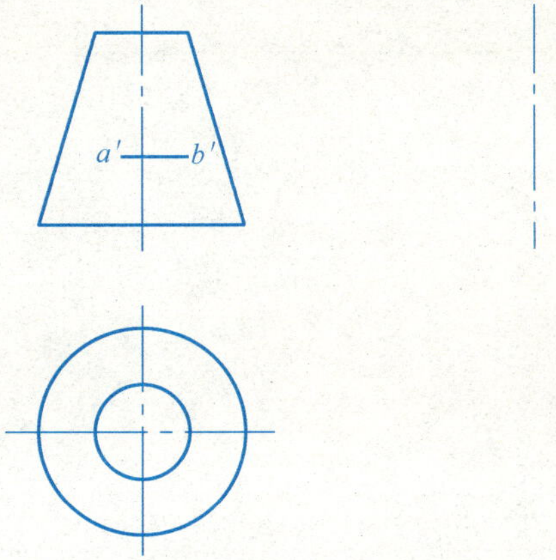

(2)

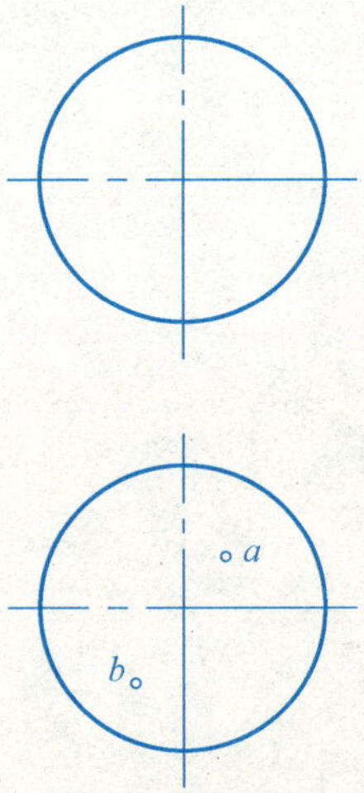

4.3 基本体的尺寸注法

按规定要求标出下列基本体的尺寸。

(1)

(2)

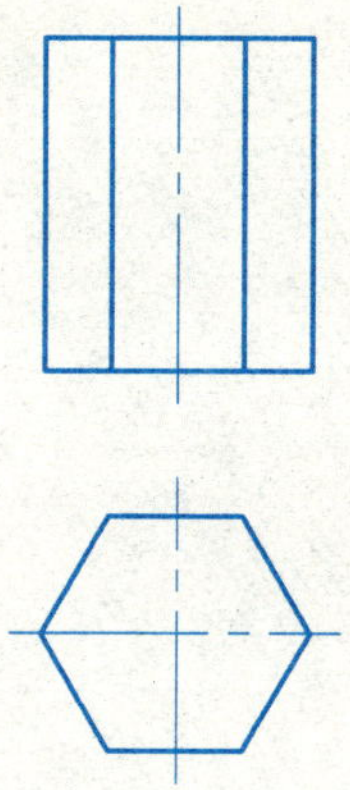

(3)

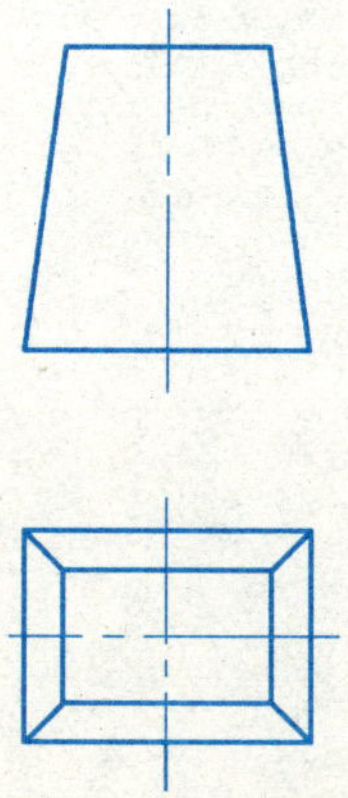

(4)

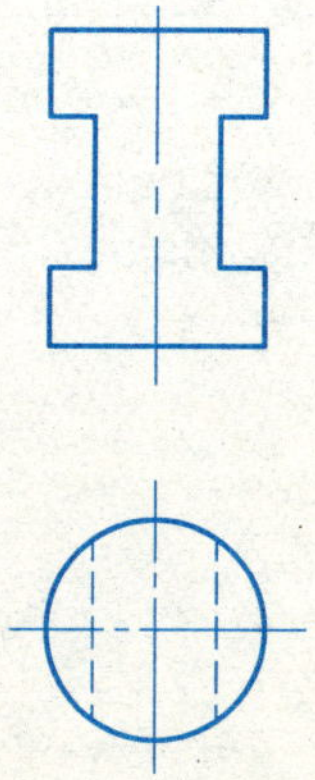

5.1　轴测图投影的基本知识

根据立体图画三视图。

(1)

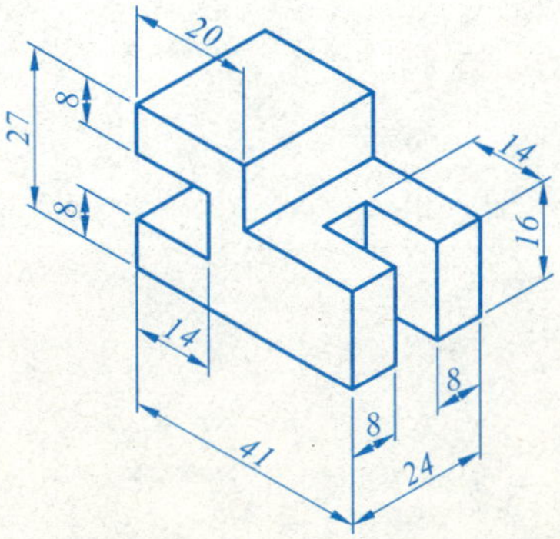

(2)

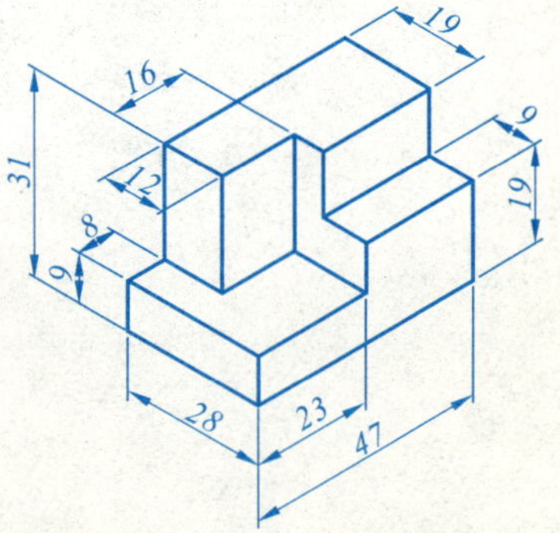

5.2 正等轴测图

画出下列物体的正等轴测图，尺寸从图中量取整数。

(1)

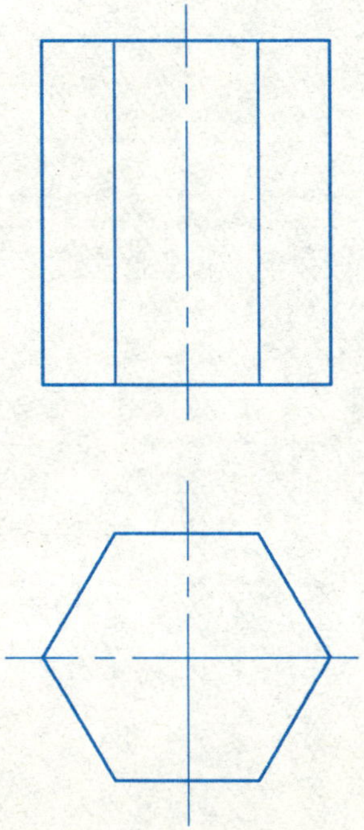

(2)

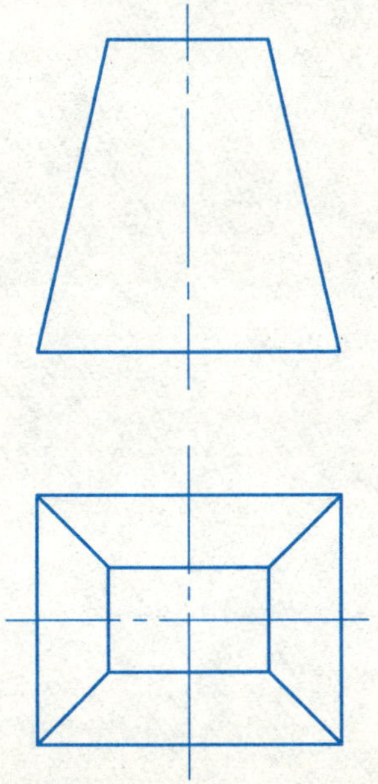

(3)

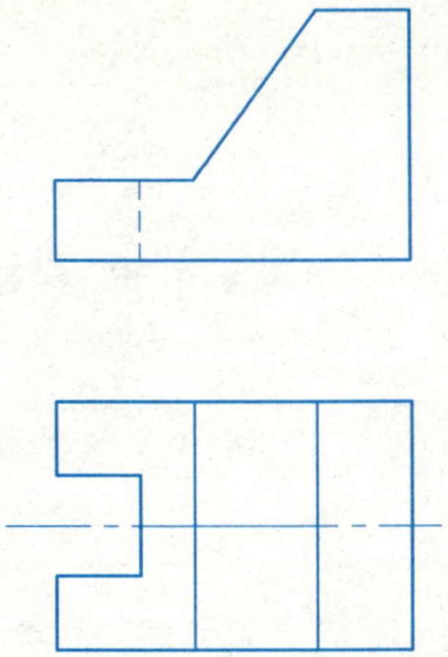

(4)

5.3 斜二轴测图

画出下列物体的斜二轴测图，尺寸从图中量取整数。

(1)

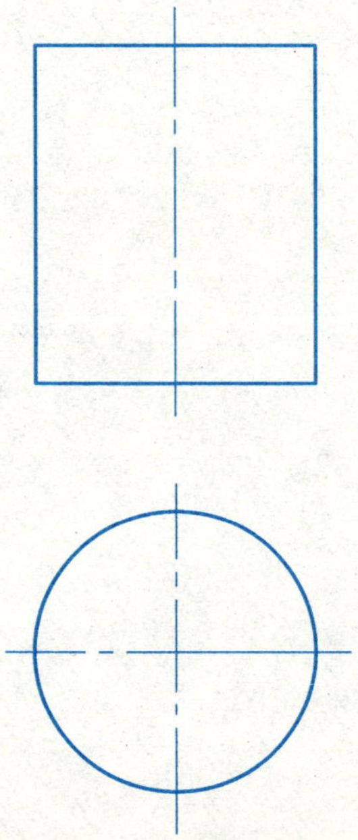

(2)

6.1 平面体的截交线

求下列截交线的投影。

(1)

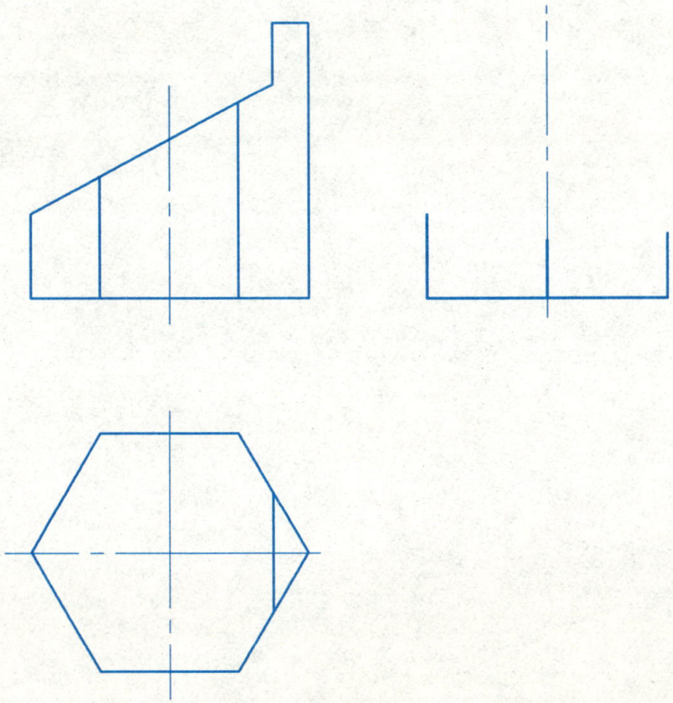

(2)

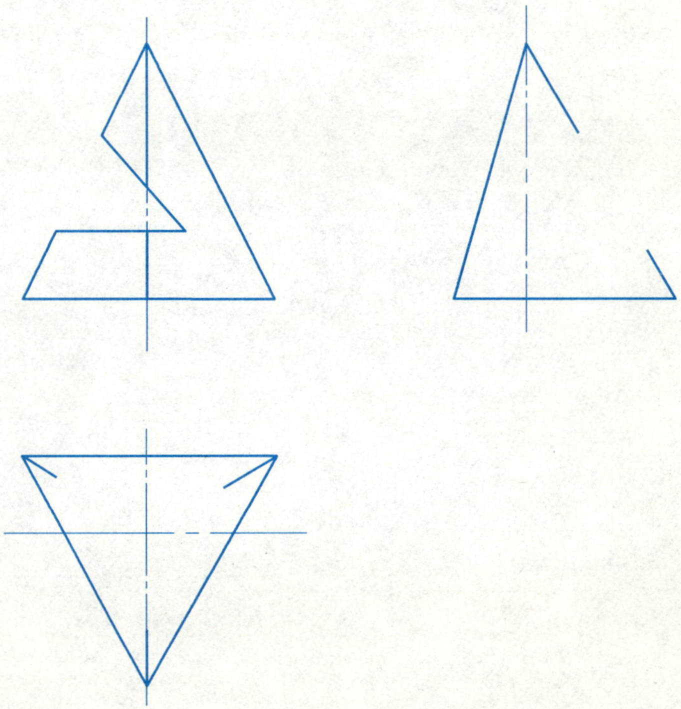

6.2 回转体的截交线

求下列截交线的投影。

(1)

(2)

(3)

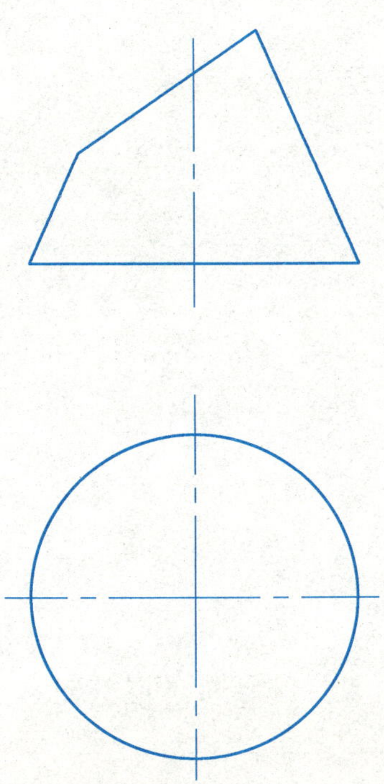

(4)

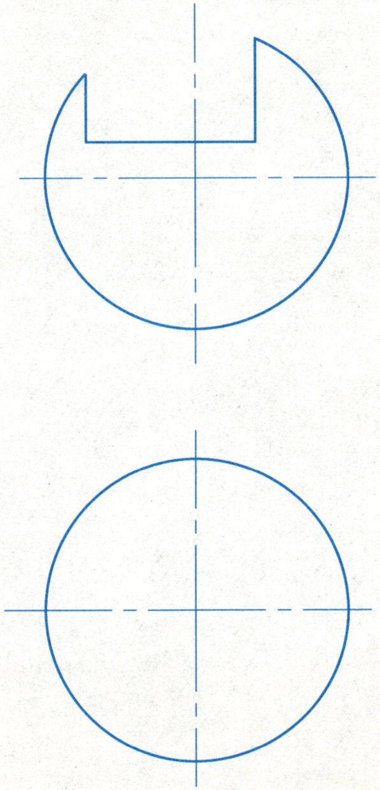

6.3 截断体的尺寸注法

完成下列截断体的投影并标注尺寸，尺寸从图中量取整数。

(1)

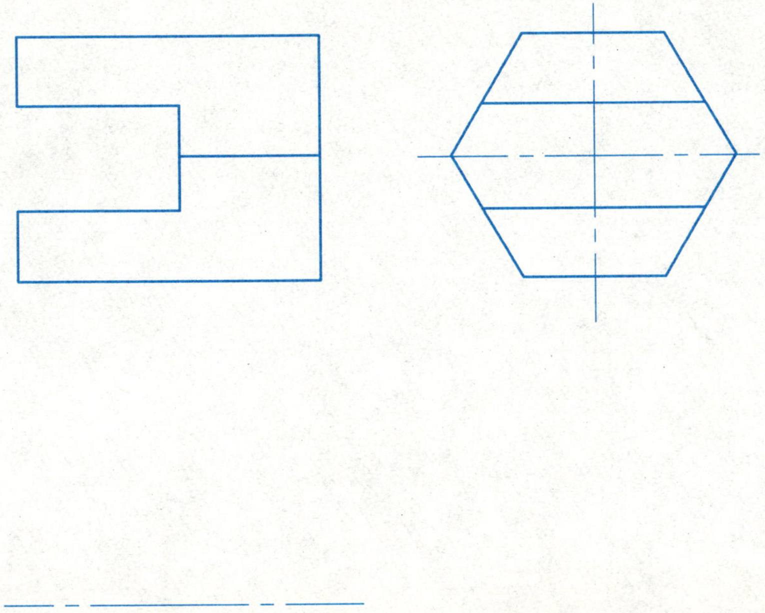

(2)

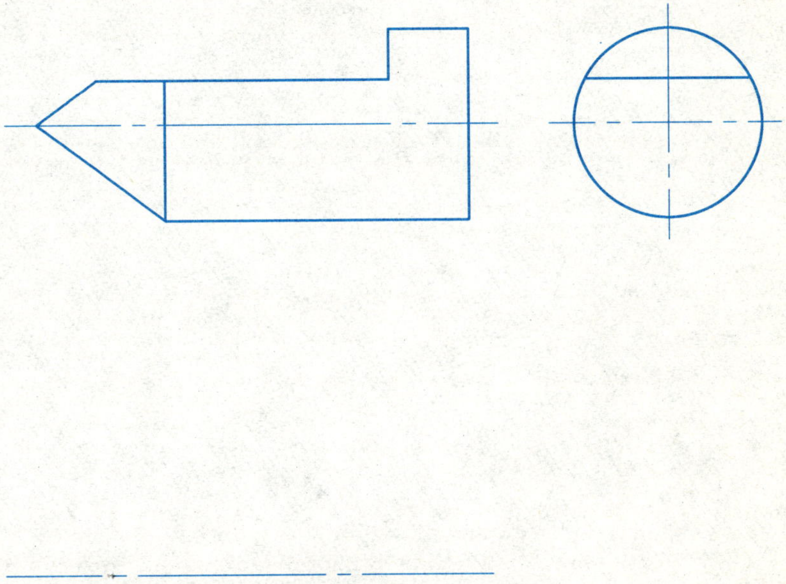

第 7 章　相贯线

7.1　利用积聚性求相贯线的投影

1.

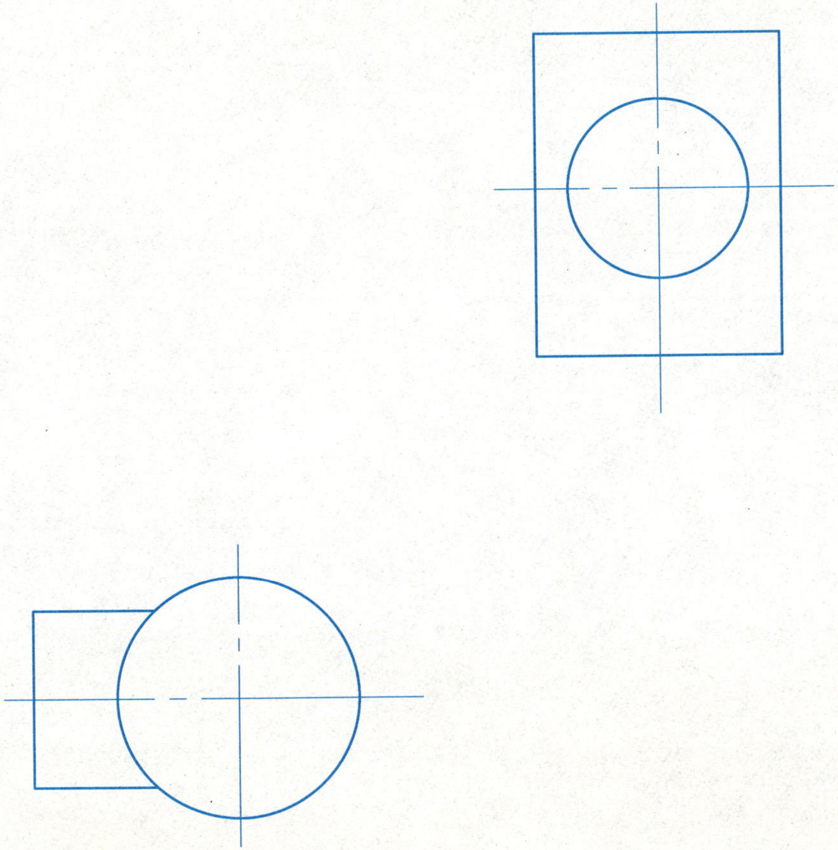

2.

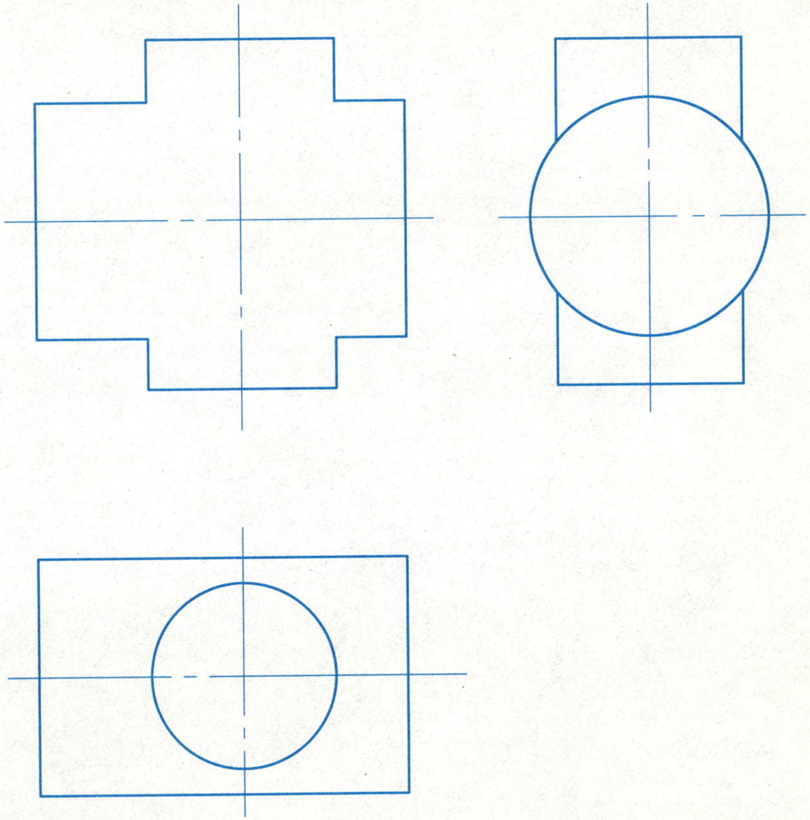

3.

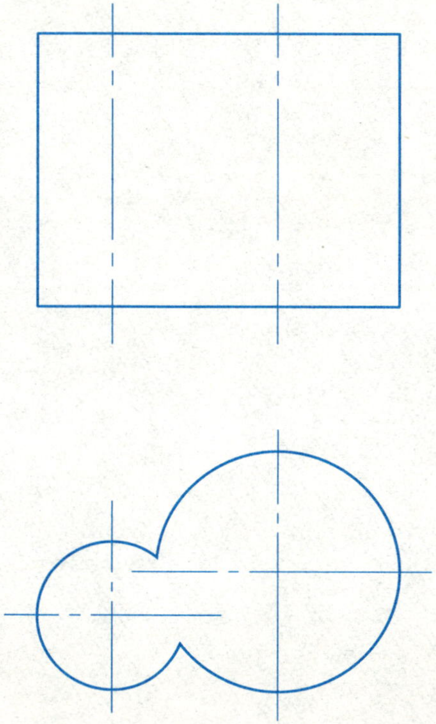

4.

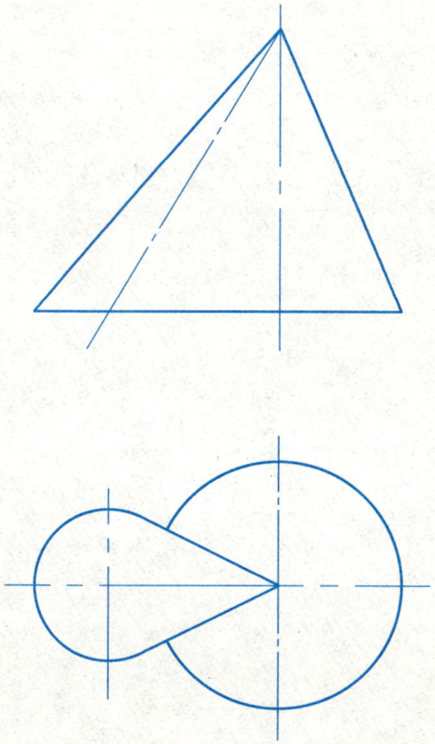

1.

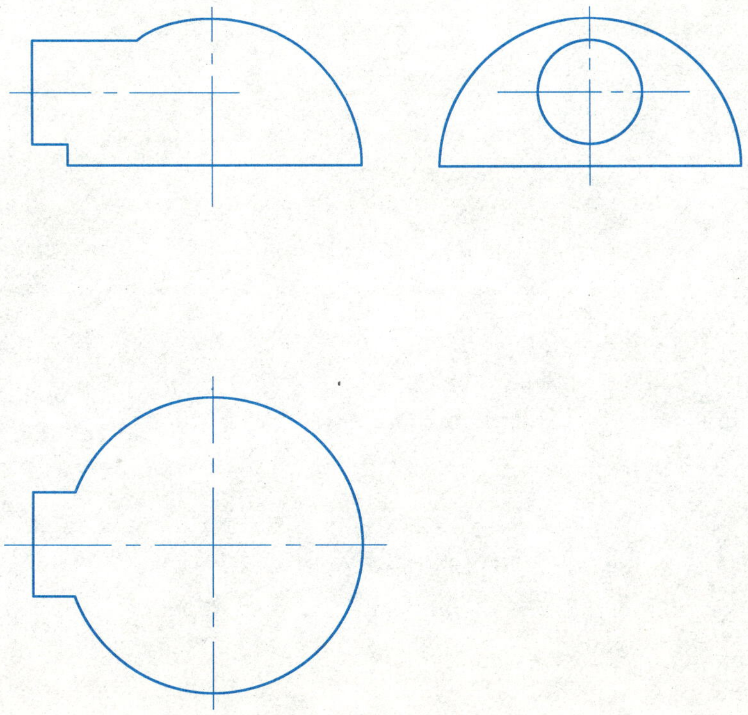

2.

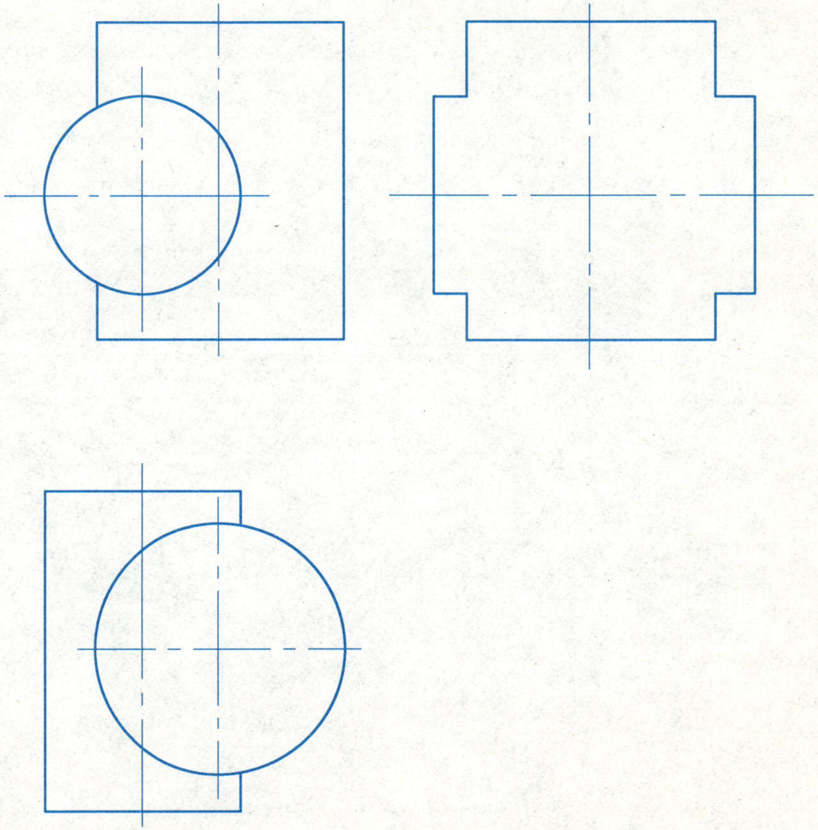

7.3 求下列特殊相贯线的投影

1.

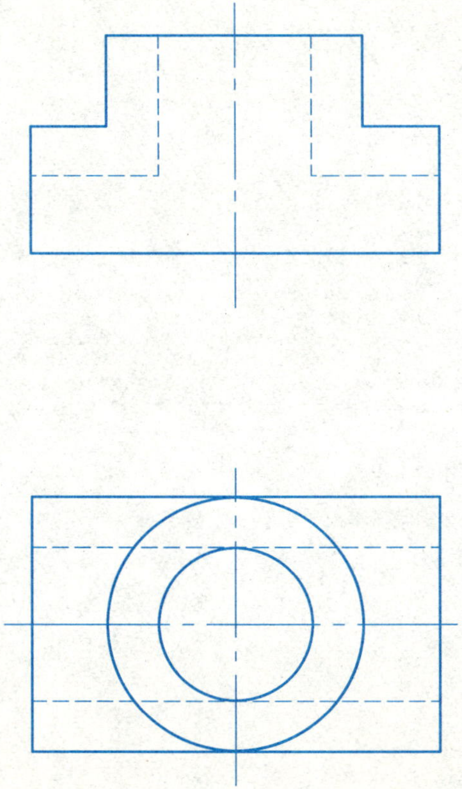

2.

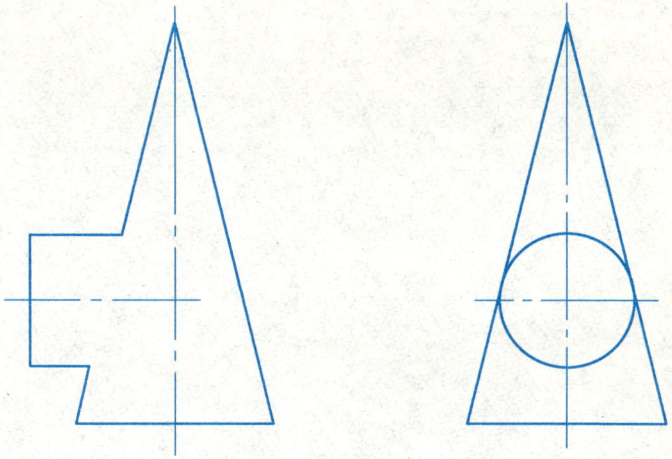

3.

7.4 用简化画法完成相贯线的投影

1.

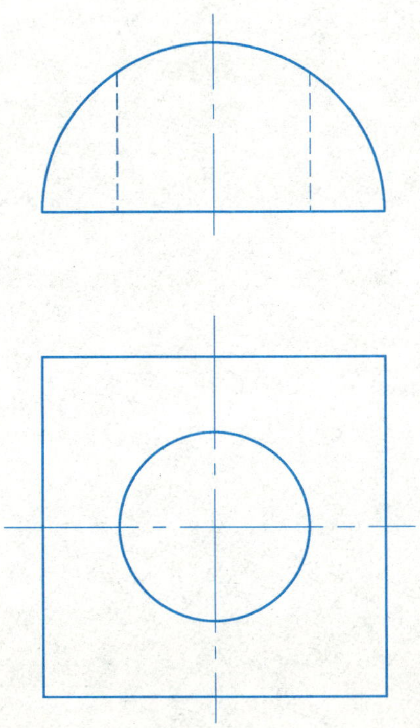

2.

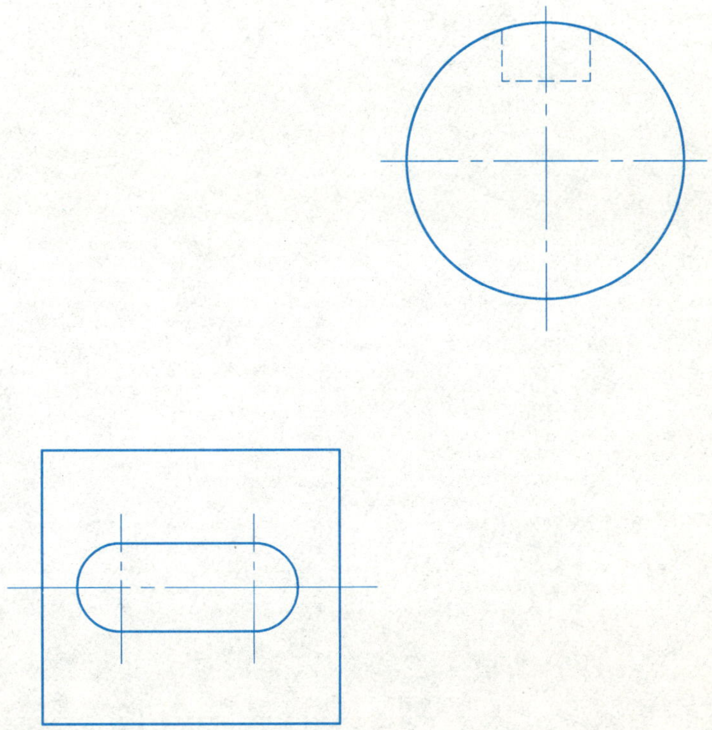

8.1　根据轴测图及所注尺寸，用 A4 图幅，按 1:1 比例画出该组合体的三视图

(1)

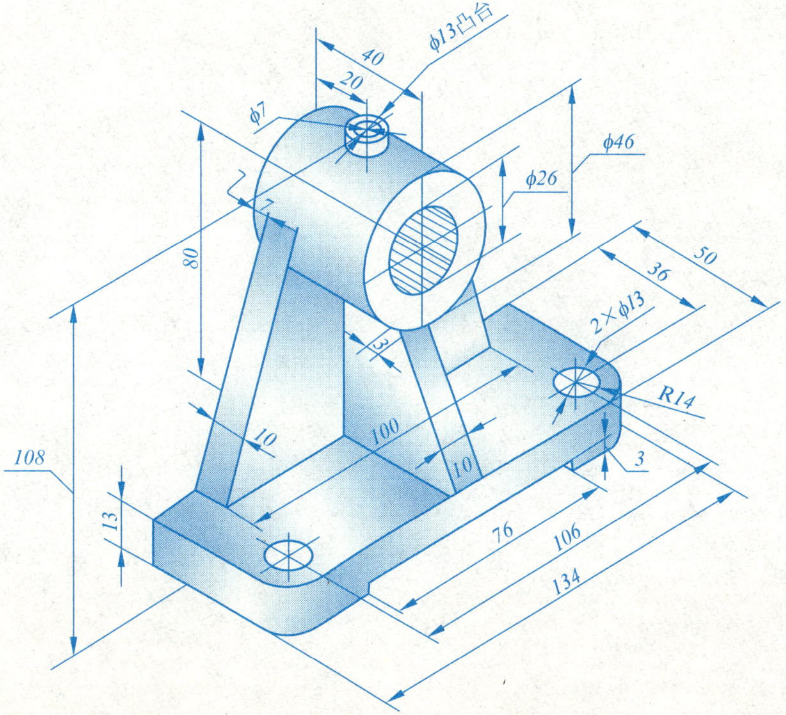

(2)

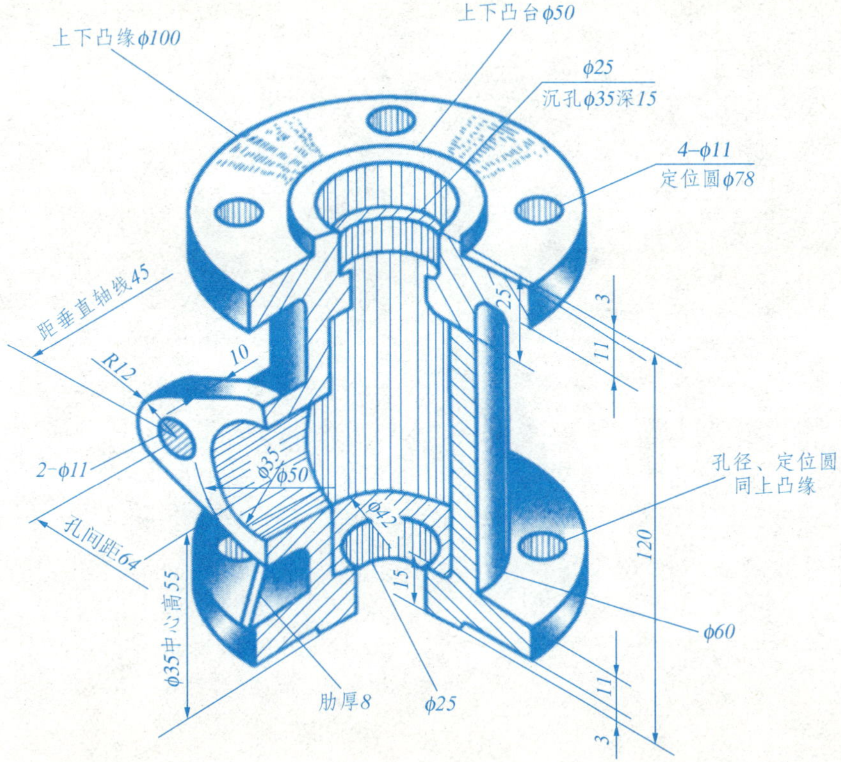

上下凸缘ϕ100
上下凸台ϕ50
ϕ25
沉孔ϕ35深15
4−ϕ11
定位圆ϕ78
距垂直轴线45
10
R12
25
3
11
2−ϕ11
ϕ35
ϕ50
孔径、定位圆
同上凸缘
ϕ42
120
孔间距64
15
ϕ35中心高55
ϕ60
肋厚8
ϕ25
11
3

8.2 补画主视图中所缺的图线

(1)

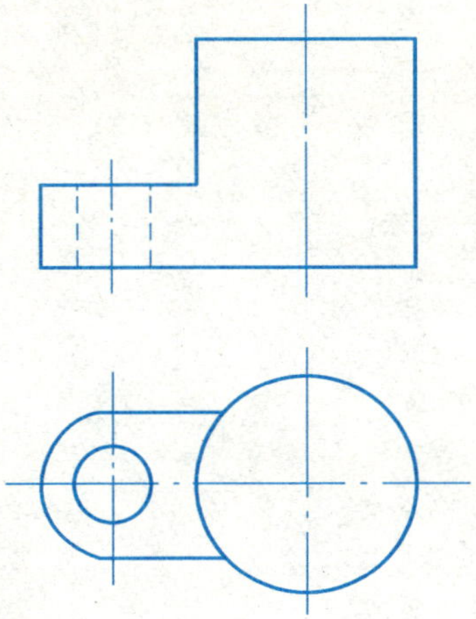

(2)

(3)

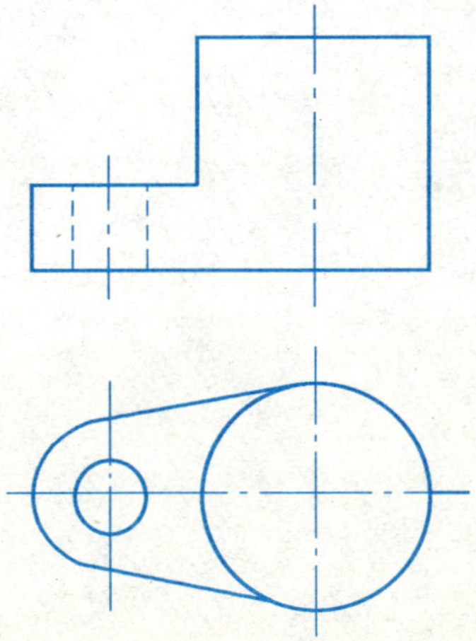

(4)

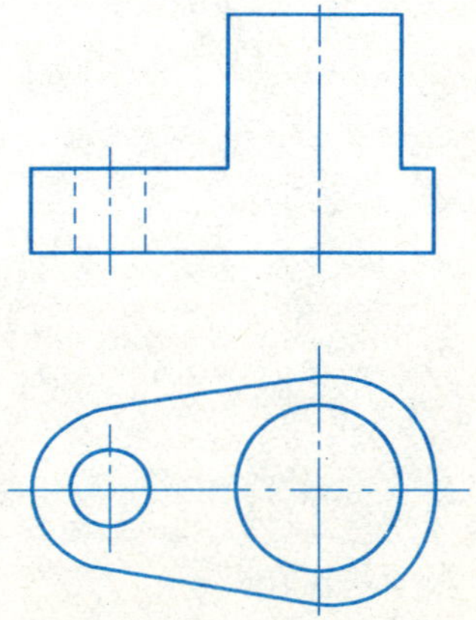

(5)

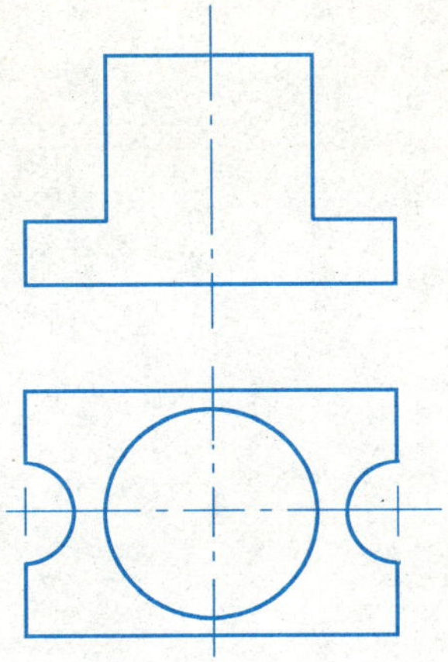

(6)

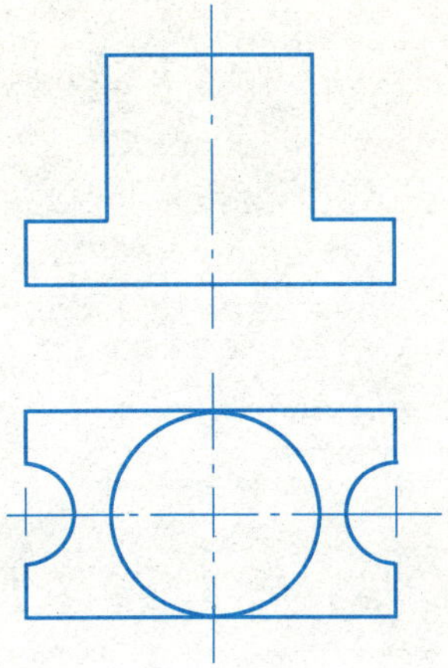

(7)

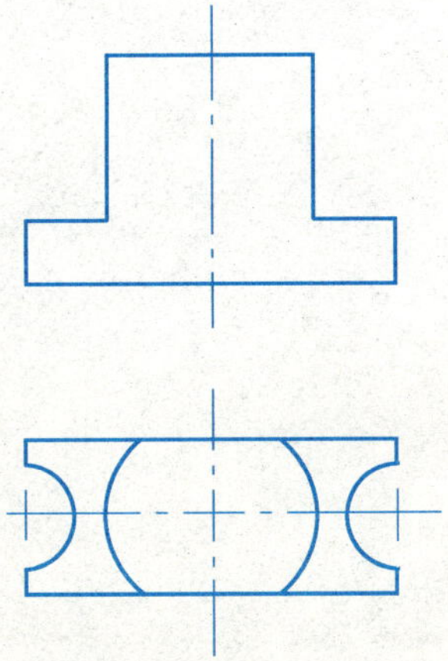

(8)

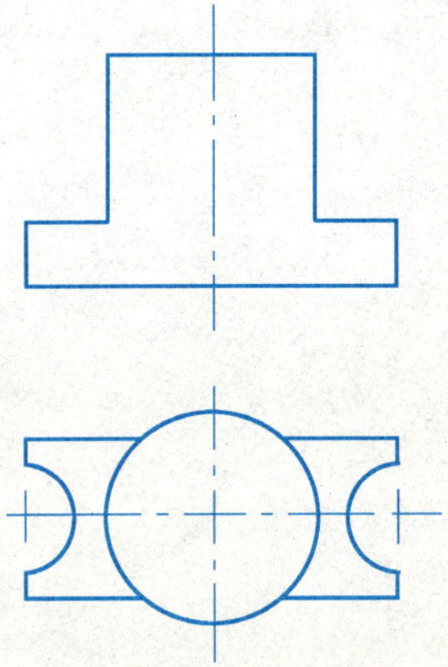

8.3 看三视图，补全视图中所缺的图线

(1)

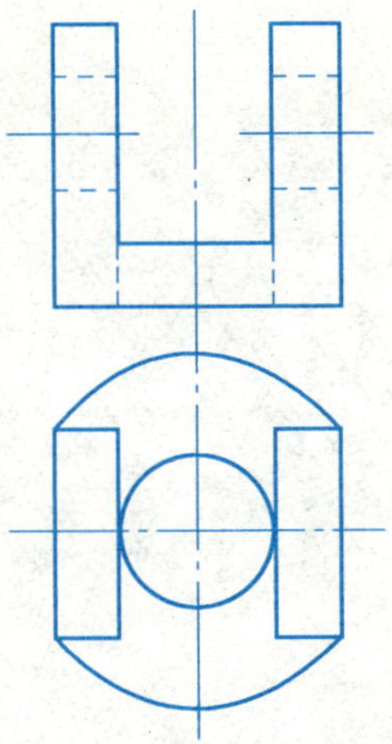

(2)

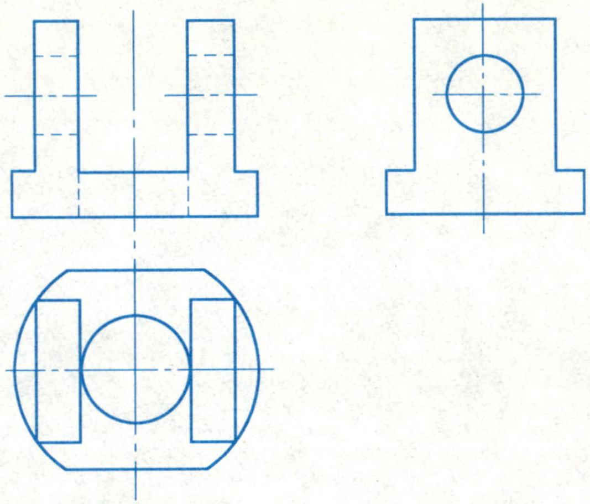

(3)

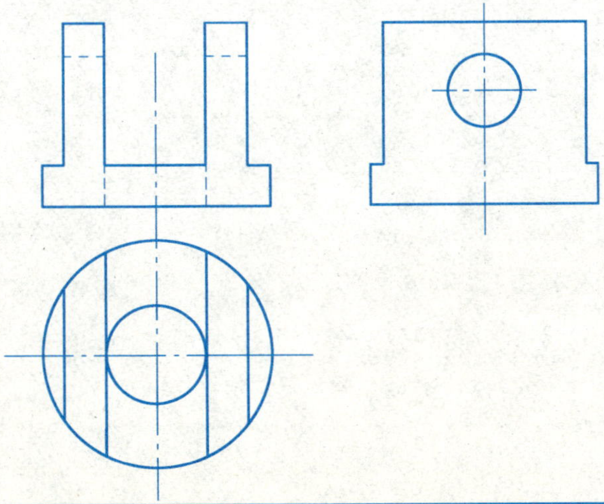

(4)

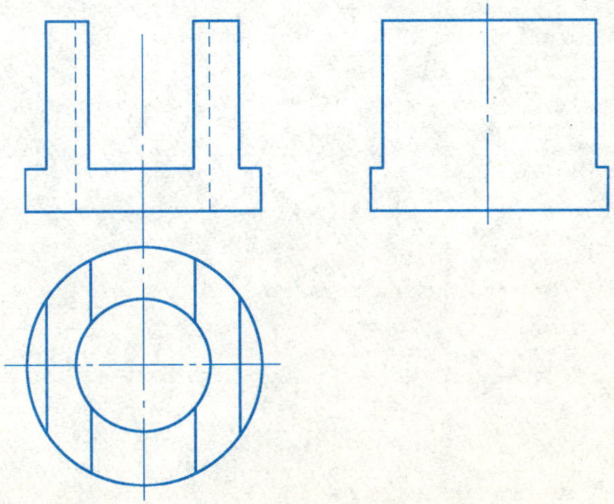

(5)

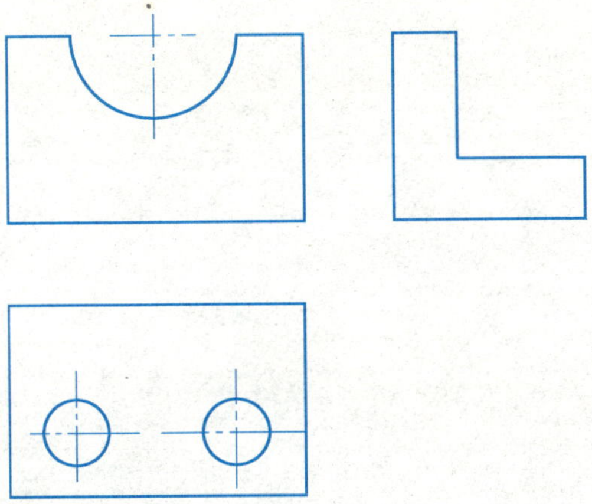

(6)

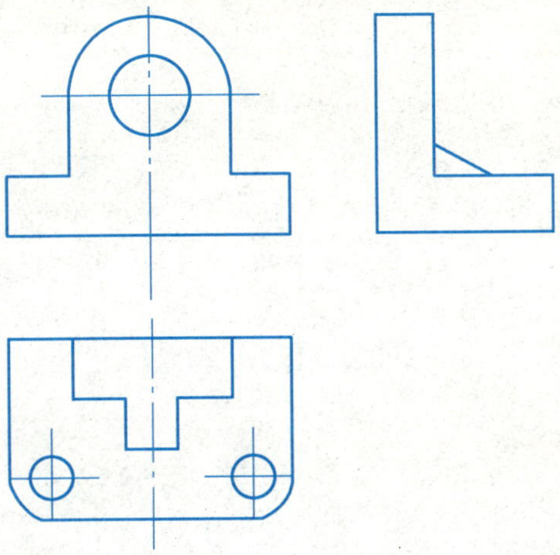

(7)

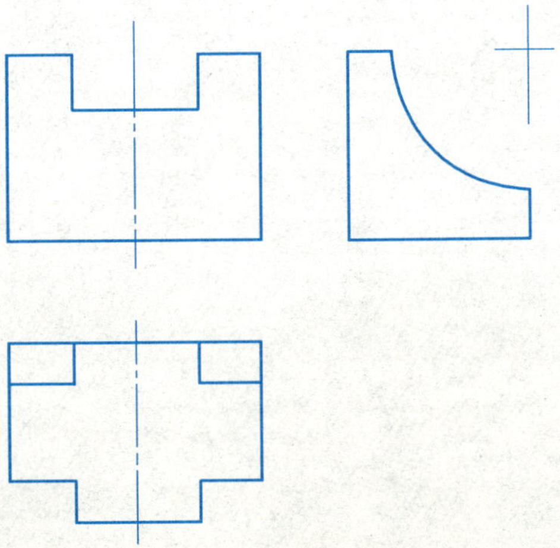

(8)

8.4 看懂两视图，想象物体形状，画出第三视图

(1)

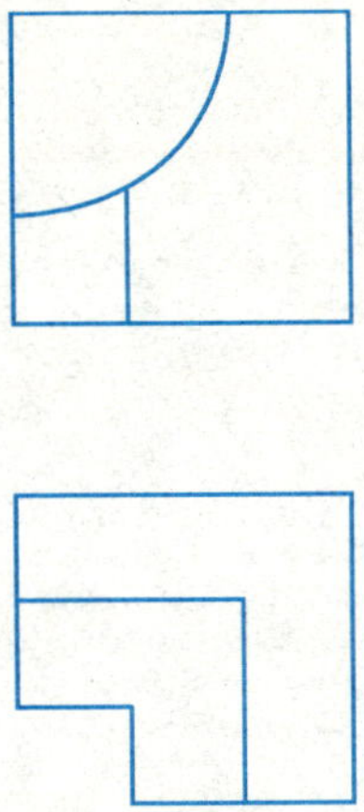

(2)

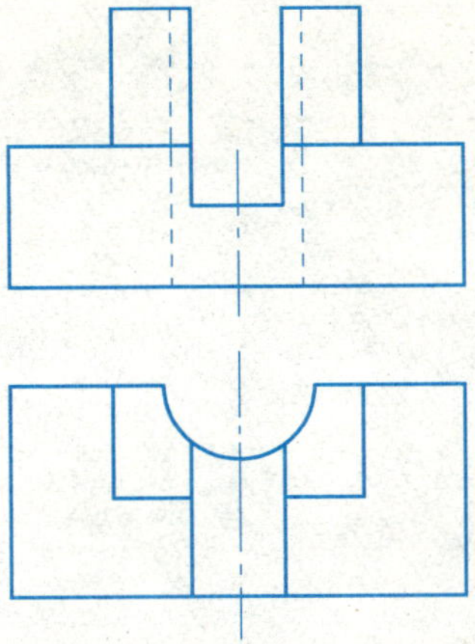

(3)

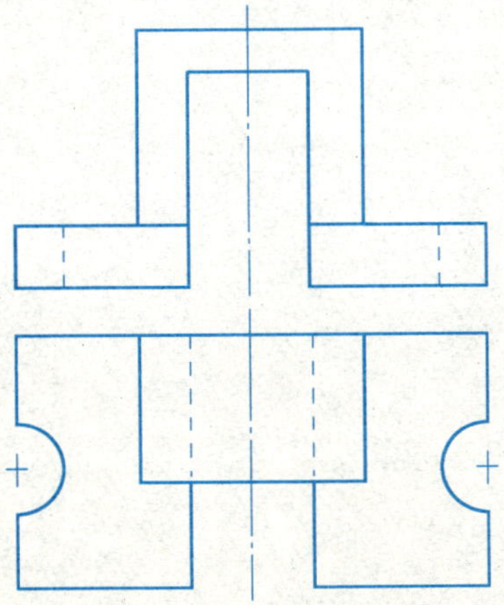

(4)

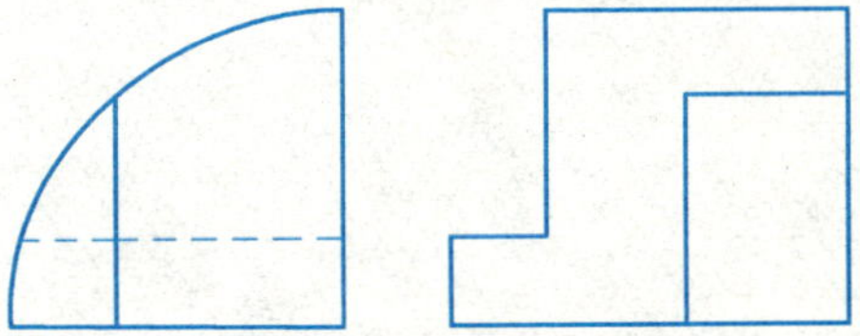

(5)

(6)

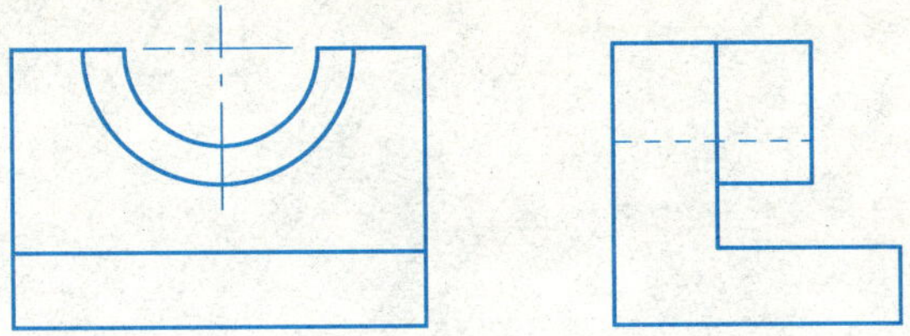

(7)

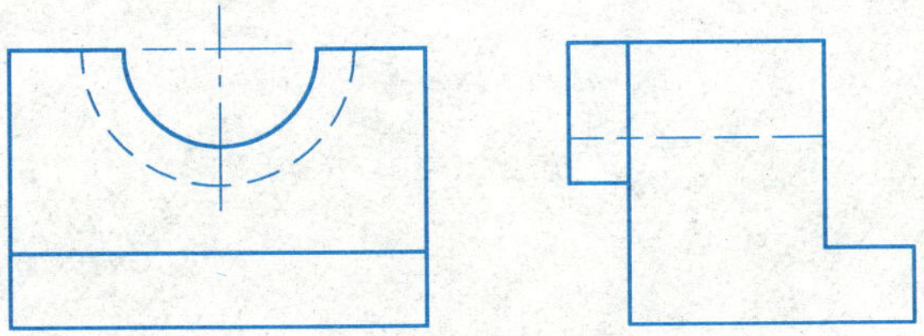

(8)

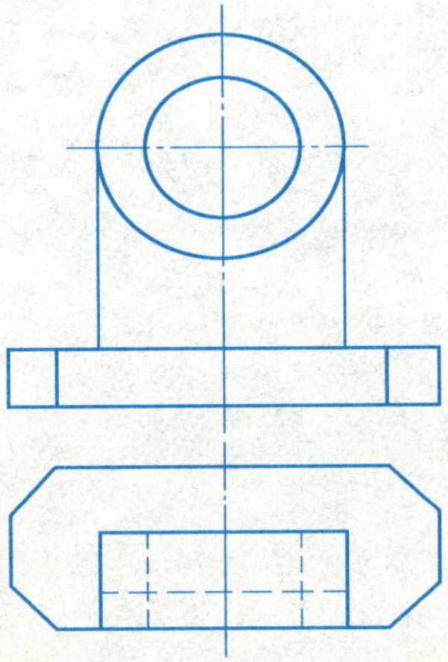

8.5 求作组合体第三面投影，并标注尺寸（在图上量取）

(1)

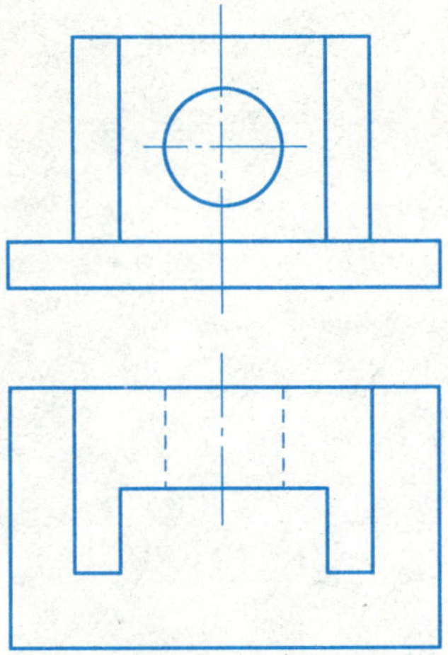

(2)

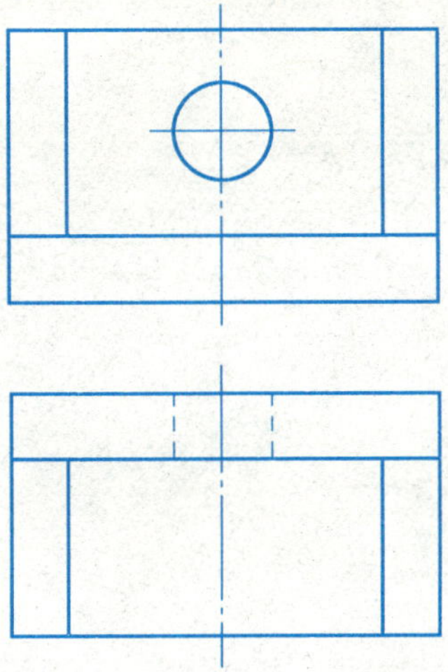

(3)

(4)

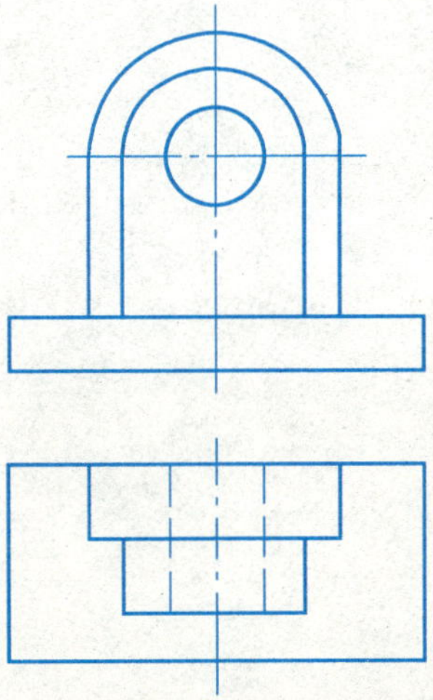

(1)

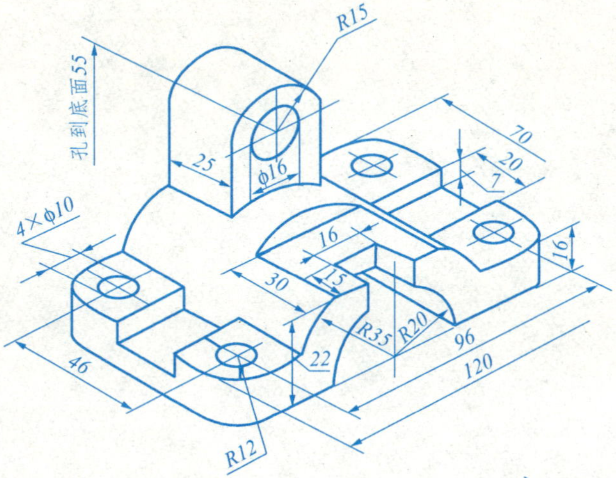

(2)

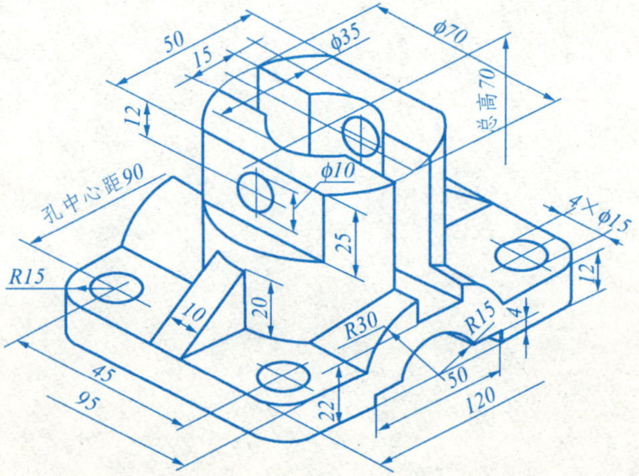

作业指导书

1.目的：

掌握画组合体三视图和标注尺寸的方法。

2.内容：

根据轴测图画三视图，并标注尺寸。

3.注意：

① 应用形体分析法观察、分析各组成的形体、相对位置及表面连接关系。

② 按反映组合体各组成部分形状和相对位置明显的方向作为主视图投影方向。

③ 应用形体分析法画图和标注尺寸；

④ 若从图上测取尺寸要取整数。

9.1 视图

1.根据主、俯、左三视图，补画右、后、仰三视图。

(1)

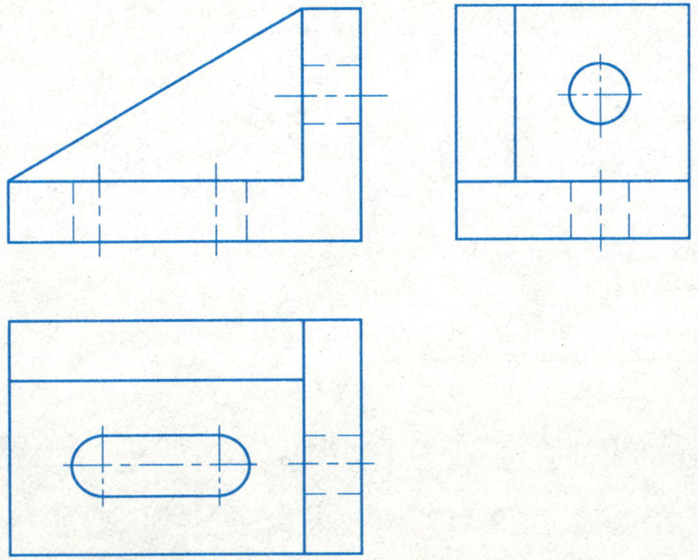

(2)

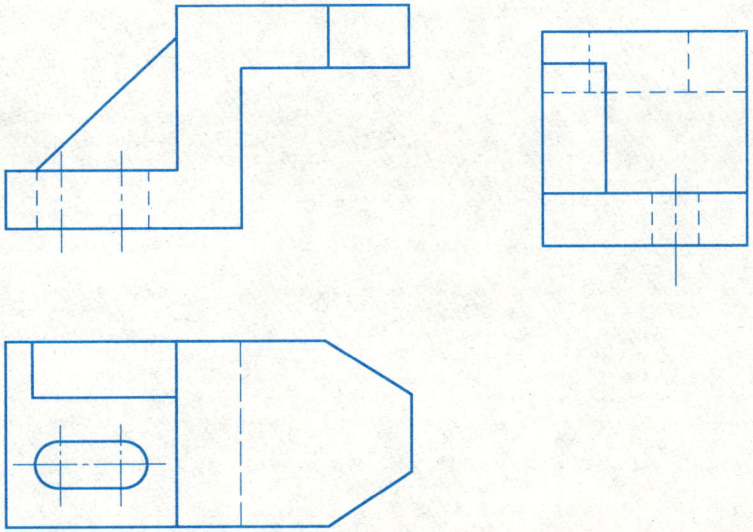

2. 根据机件的主、俯视图，在指定位置画出机件的 *B* 向局部视图及 *C* 向局部视图。

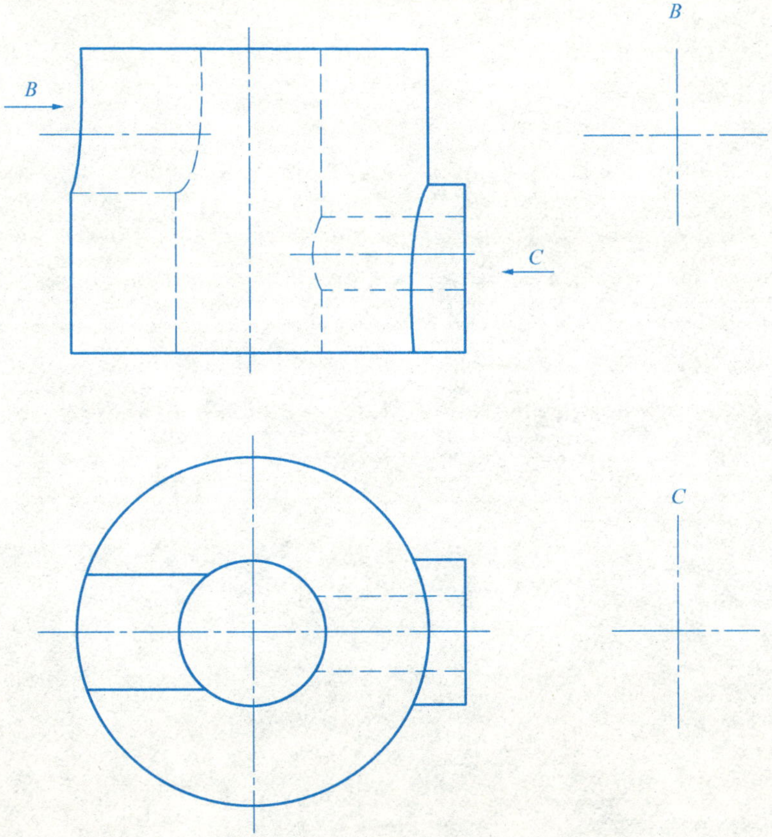

3. 根据机件的主视图和轴测图，补画其局部视图和斜视图（缺少的尺寸按 1:1 从轴测图上量取）。

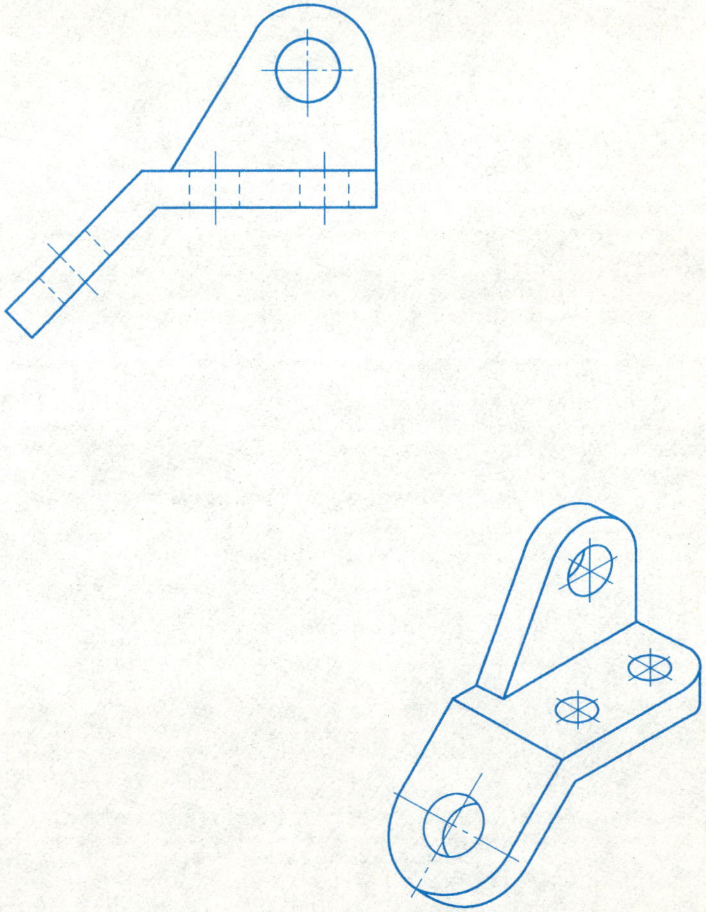

9.2 剖视图

1.补画剖视图中所缺的图线。

(1)

(2)

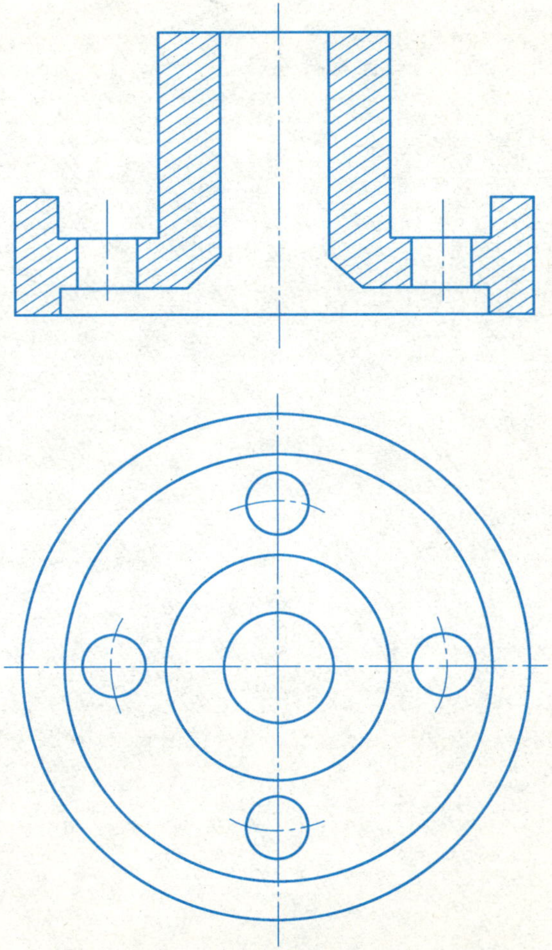

(3)

(4)

2.将主视图画成全剖视图。

(1)

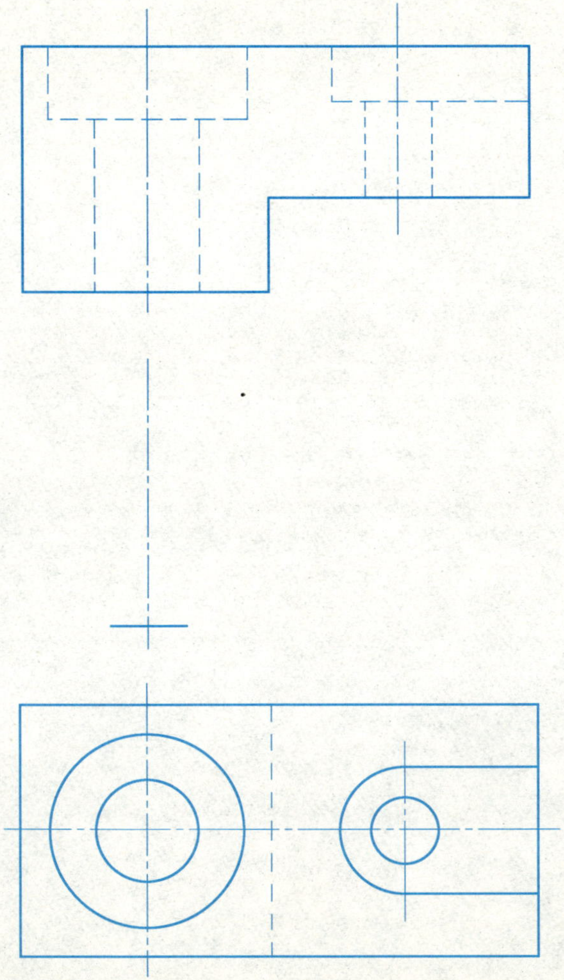

(2)

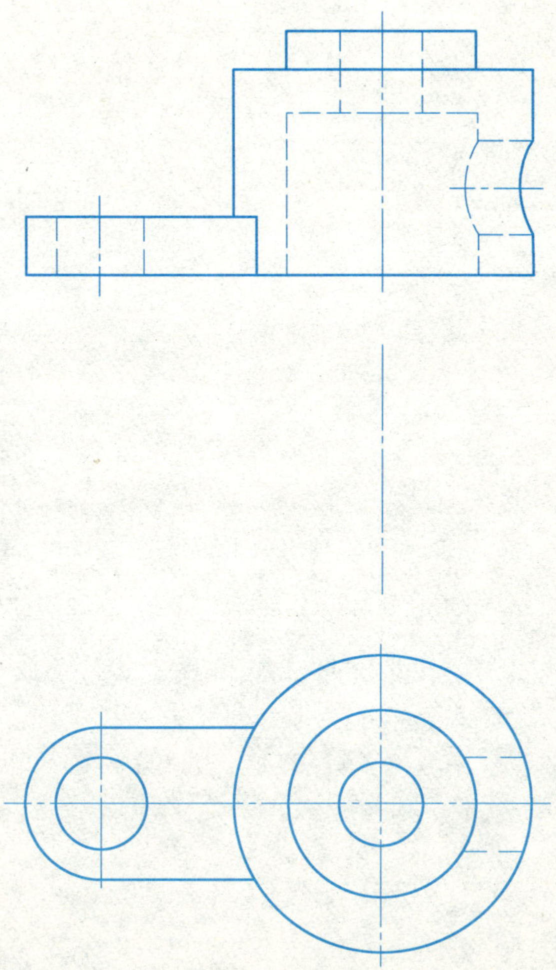

3.将主视图画成半剖视图。

(1)

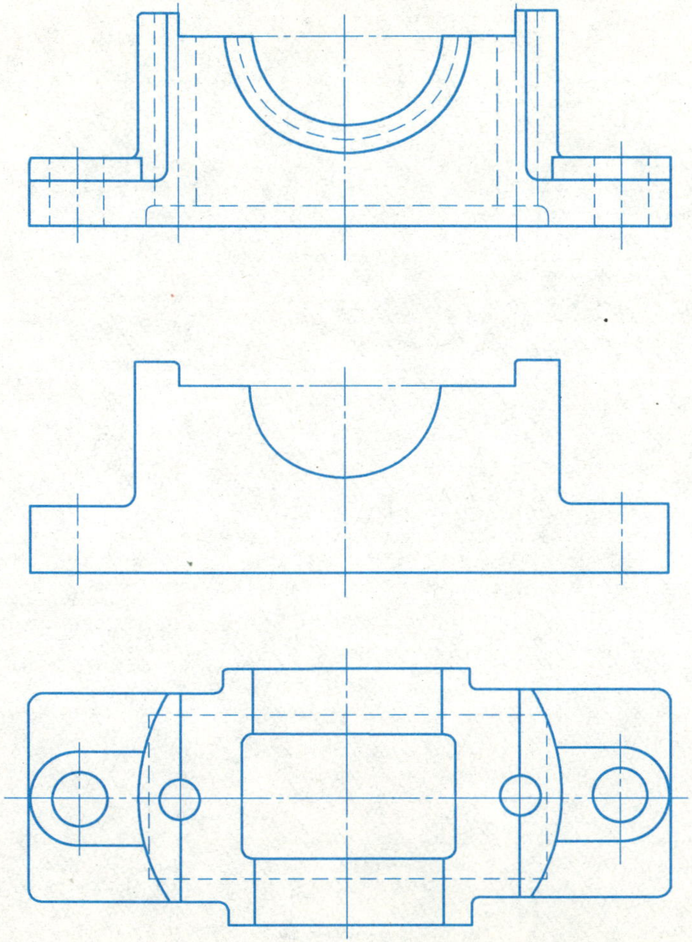

(2)

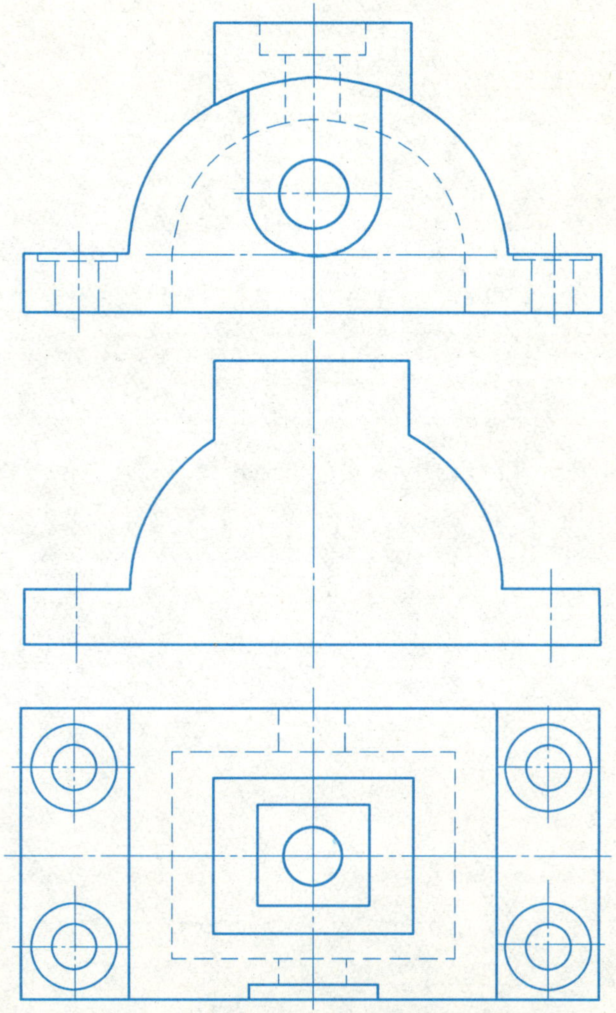

4.将主视图画成阶梯剖视图。

(1)

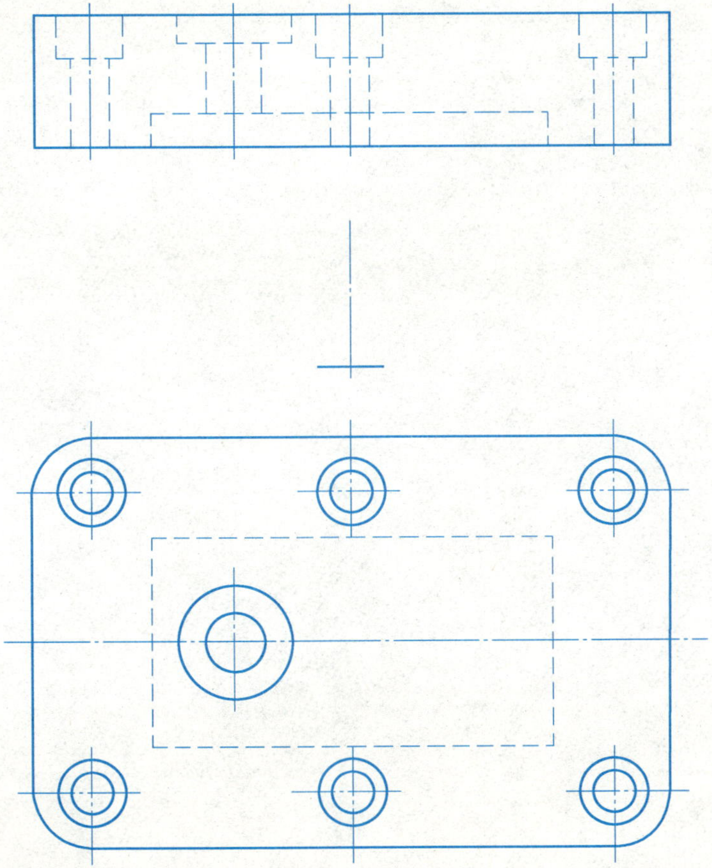

(2)

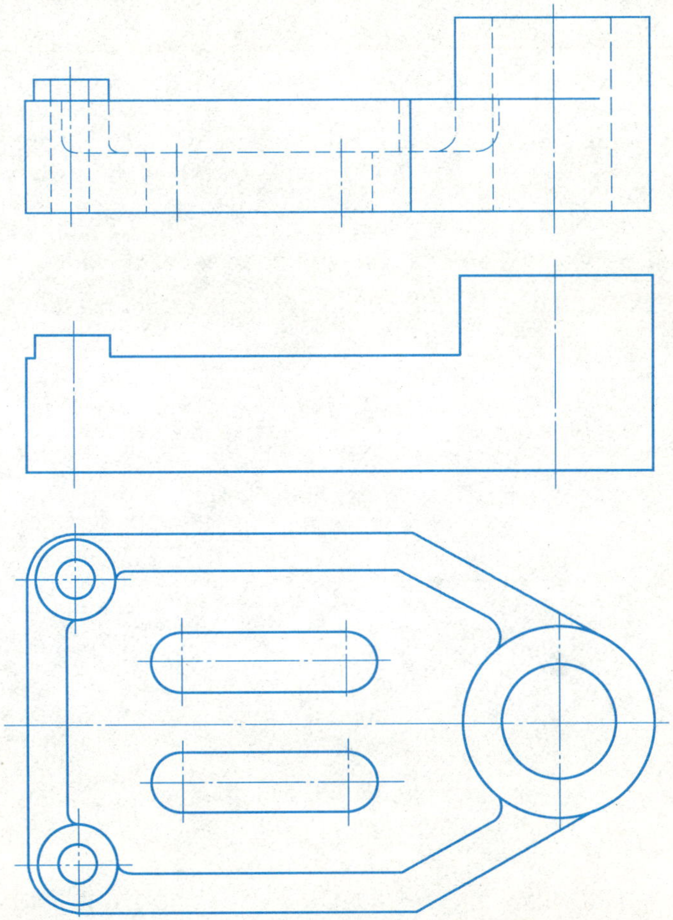

5.将主视图画成剖视图。

(1)

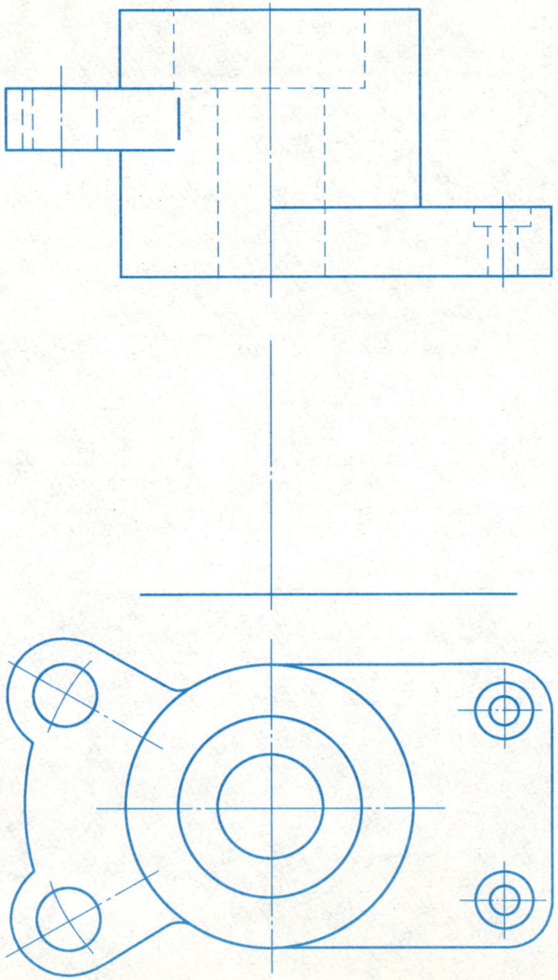

(2)

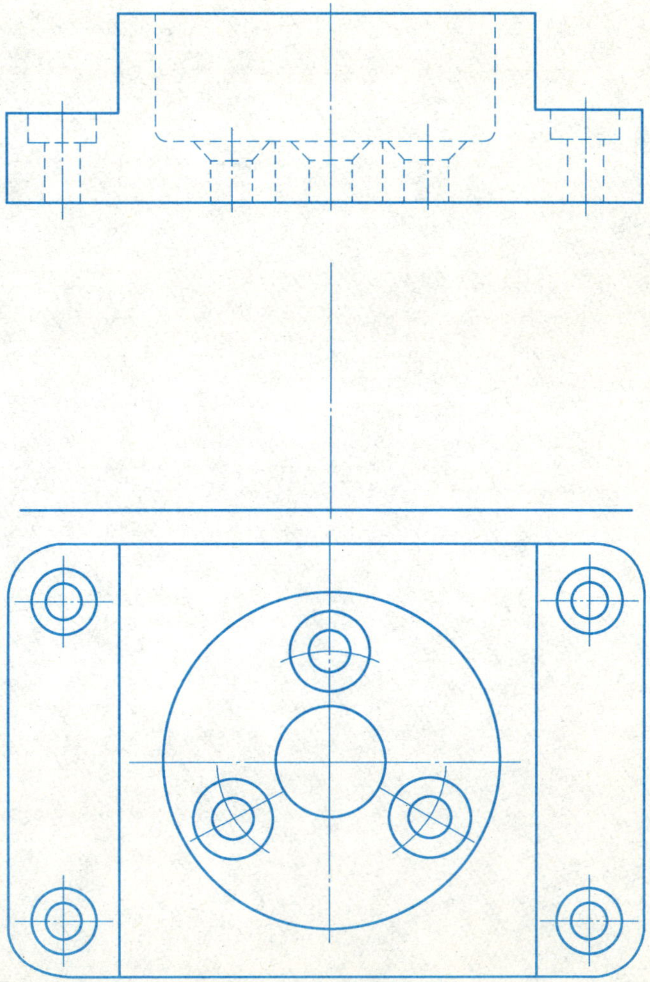

6.将视图画成局部剖视图。

(1)

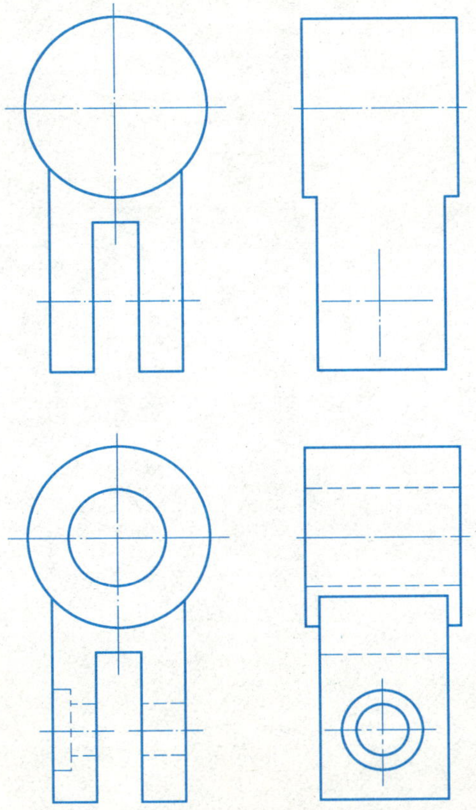

(2)

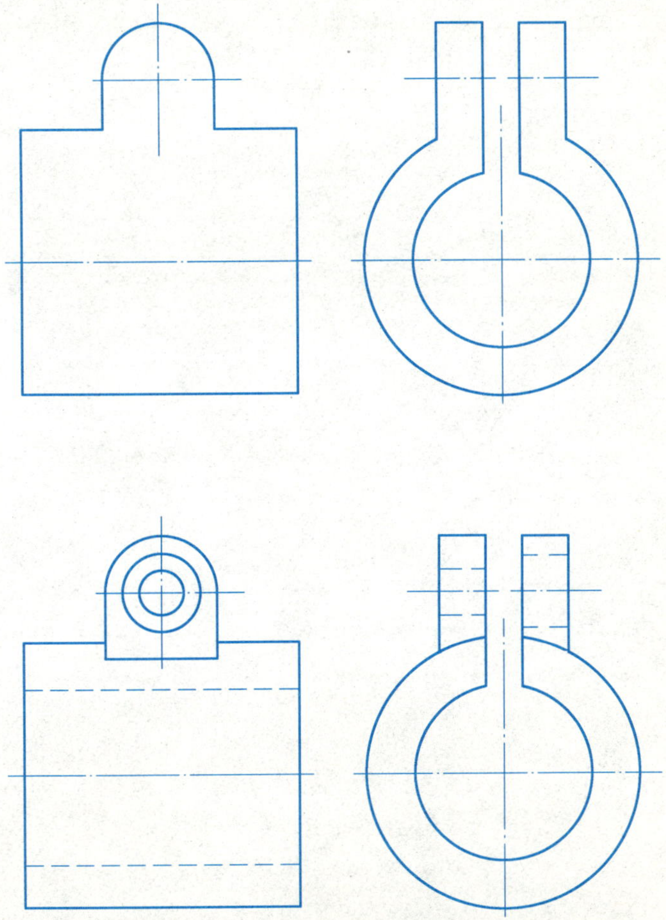

7.分析图中波浪线画法的错误，在指定位置画出正确的。

(1)

(2)

8.在指定位置上画出 A—A、B—B 剖视图。

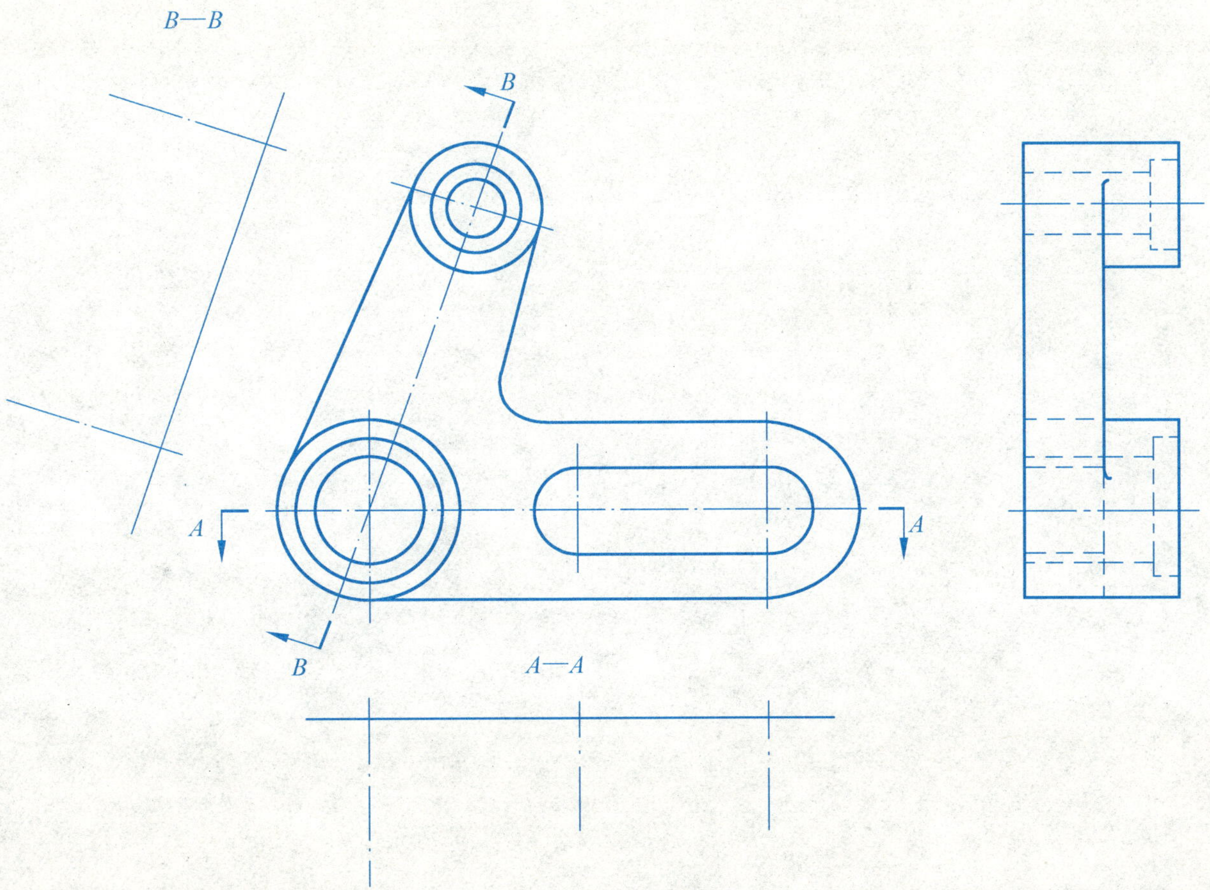

9.看懂机件的两视图，用阶梯剖方法，在主视图中作 *A*—*A* 剖视图。

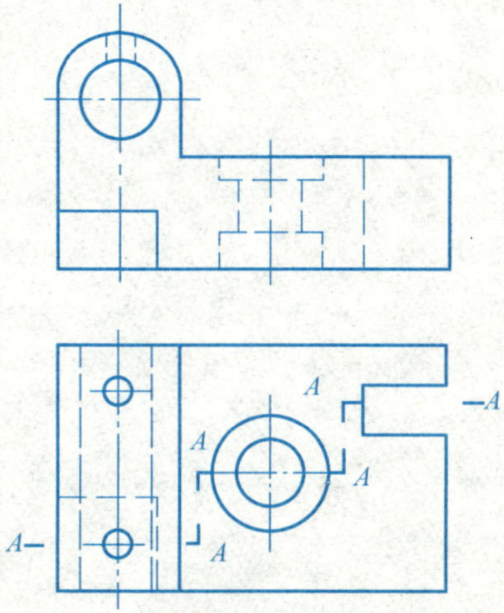

10.看懂机件的两视图，用旋转剖方法，在两视图间的空白处，将主视图画成 *A*—*A* 剖视图。

9.3 断面图

1.分辨正确和错误的断面图，在正确的断面图处打√。

(1)

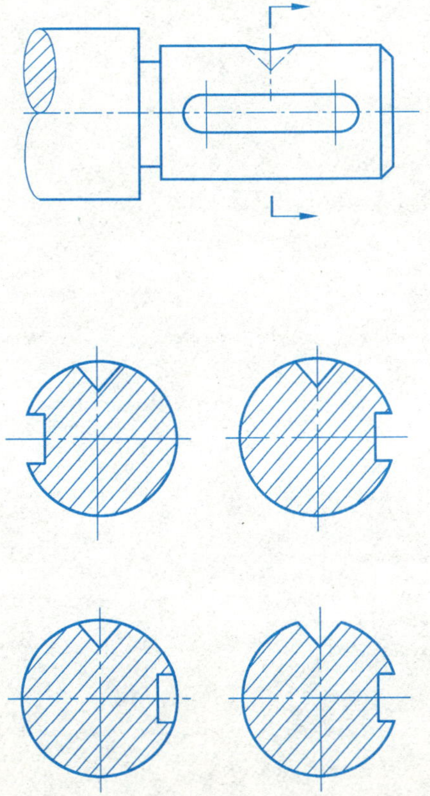

(2)

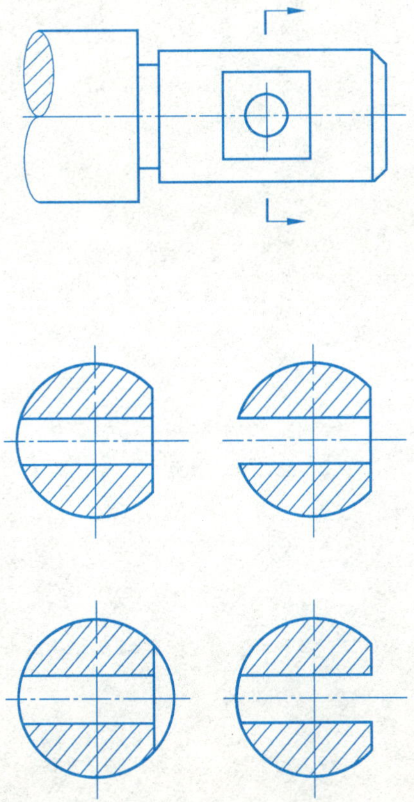

(3)

2.画出指定位置的断面图（左面键槽深 4mm，右面键槽深 3mm）。

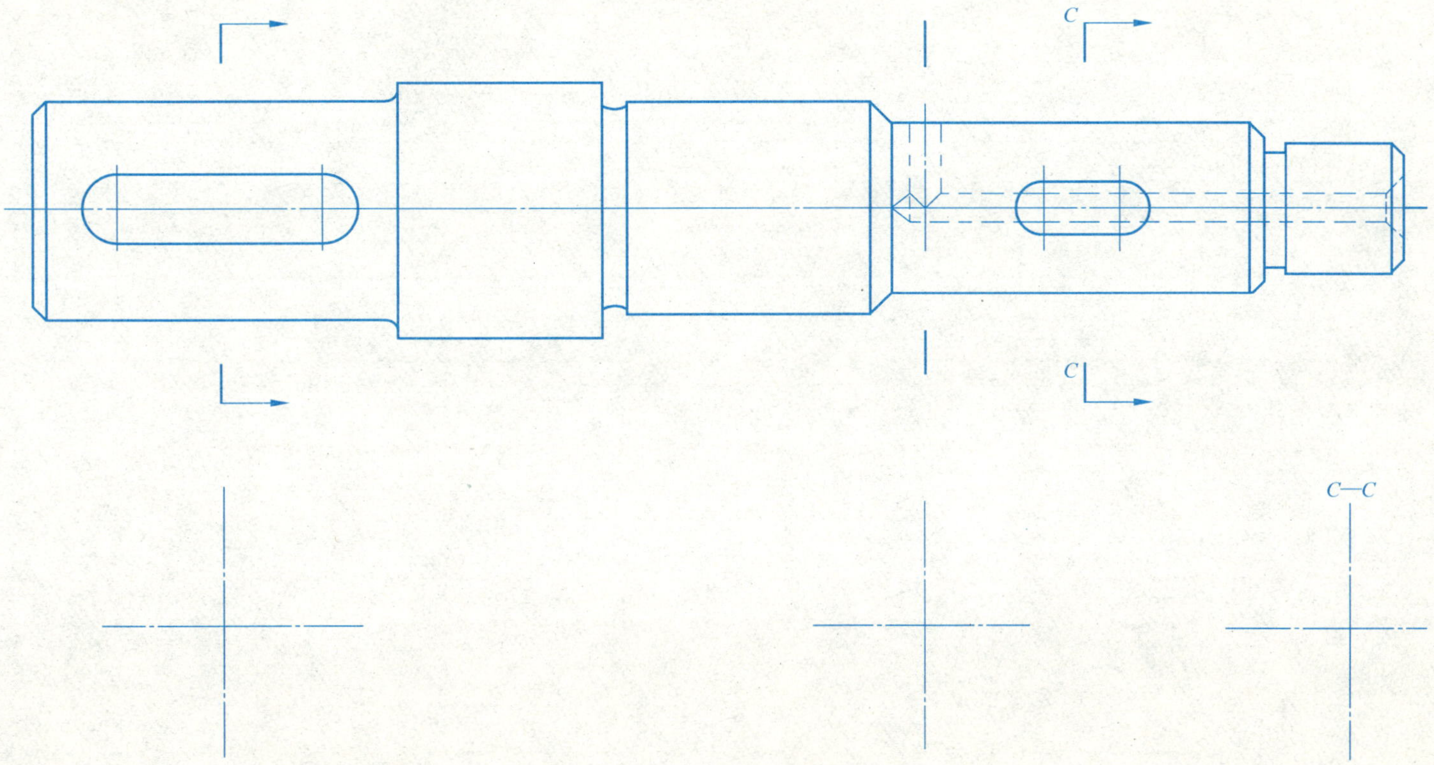

3.作移出断面。

(1)

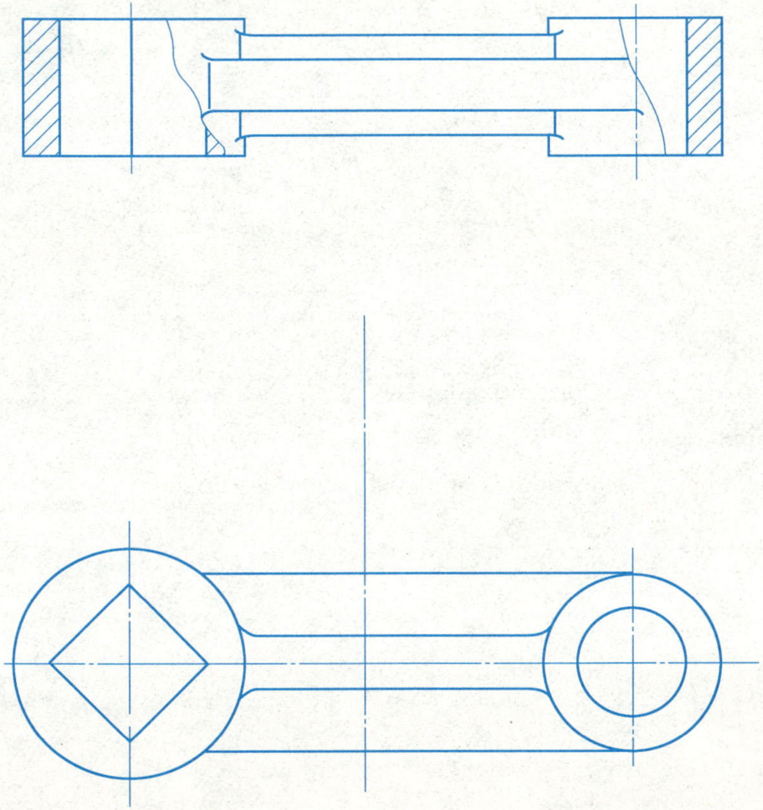

(2)

9.4 其他表达方法

1.在空白地方将主视图改画为正确的剖视图。

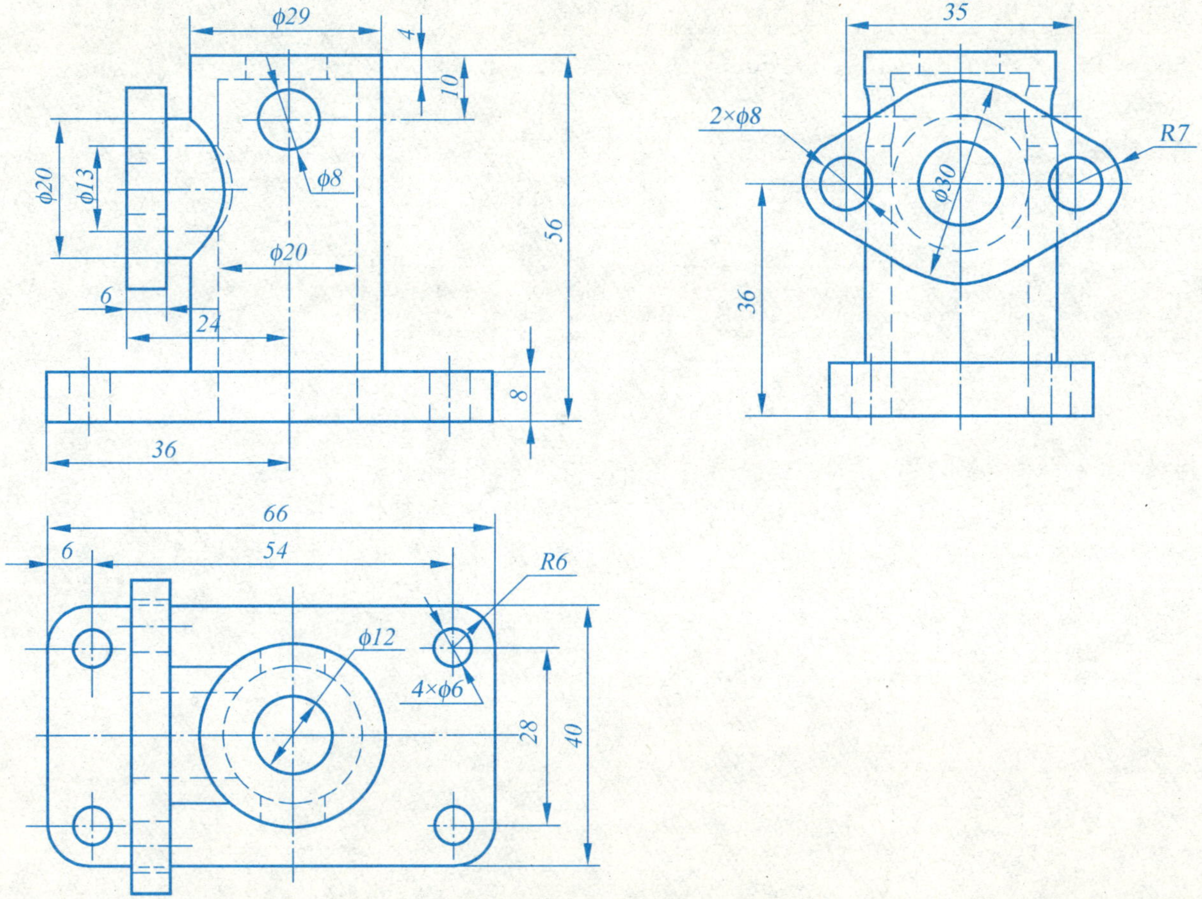

2.画出孔及肋均匀分布的机件的剖视图。

(1)

(2)

作业指导书

1.目的：

① 训练选择机件图样的能力；

② 掌握剖视图的画法。

2.内容和要求：

① 读懂视图，选择合适的剖视图表示机件；

② 重新布置尺寸；

③ 用A3号图纸；

④ 按1:1绘制。

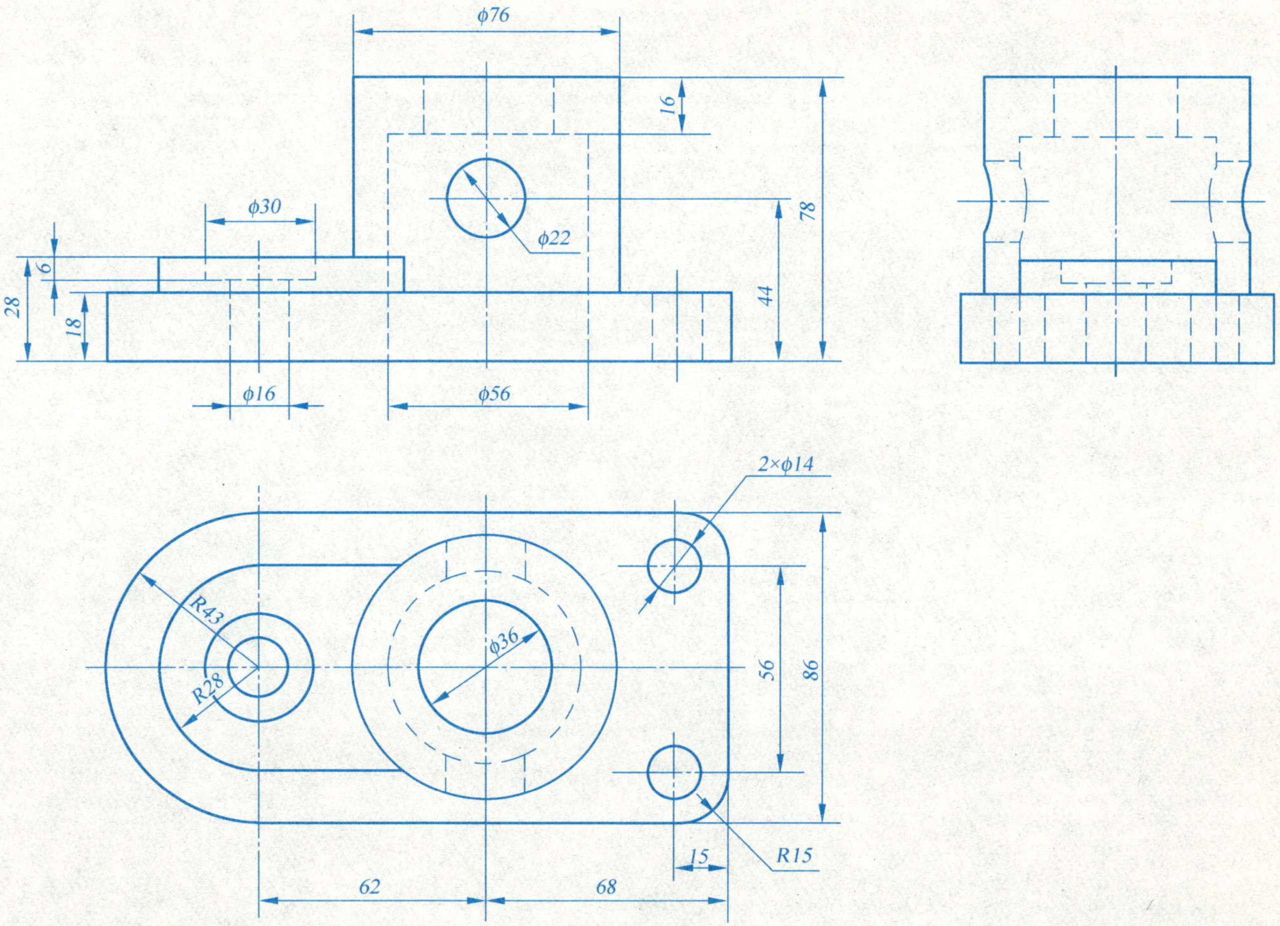

9.6 根据立体的正等轴测图,用第三角画法画出其三视图,尺寸从图中按1:1直接量取

9.7 根据组合体的立体图，用第三角画法画出它的三视图

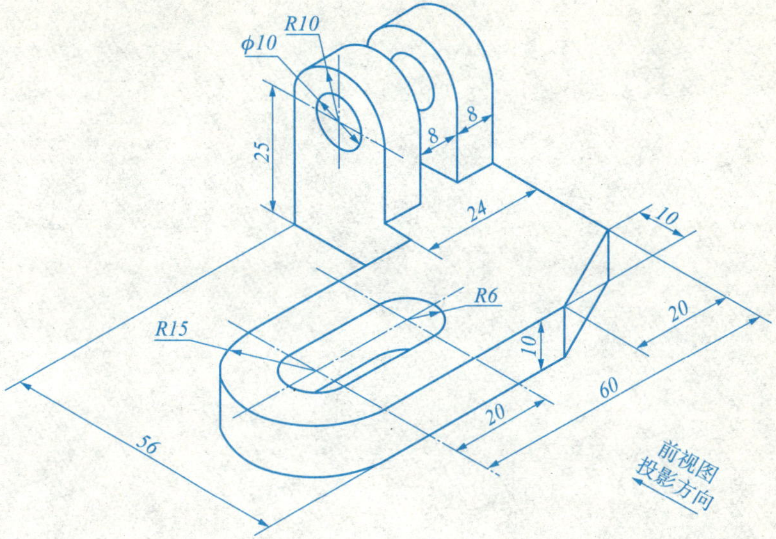

9.8 已知用第三角画法画出的立体的三视图，补画它的左视图、底视图和后视图

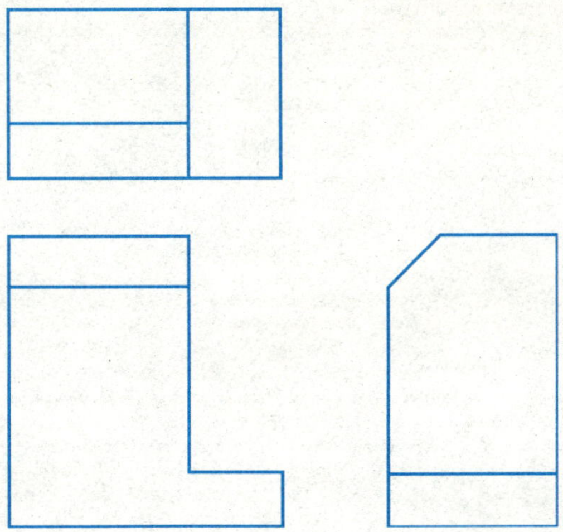

9.9 已知用第三角画法画出的立体的前视图和左视图，补画它的右视图和顶视图

10.1 螺纹

1.分析下列螺纹画法上的错误，将正确的图形画在指定的位置上。

(1)

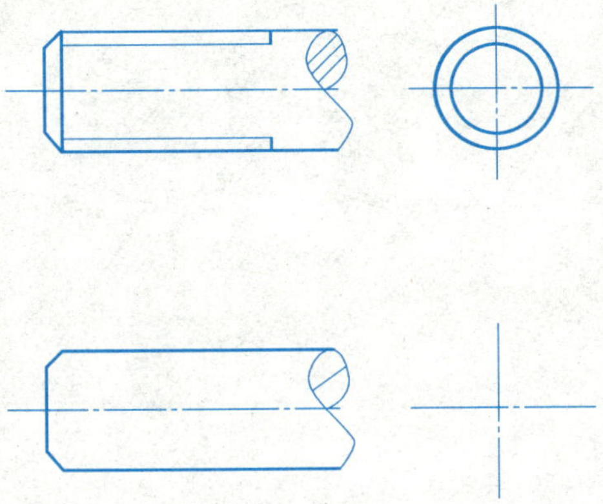

(2)

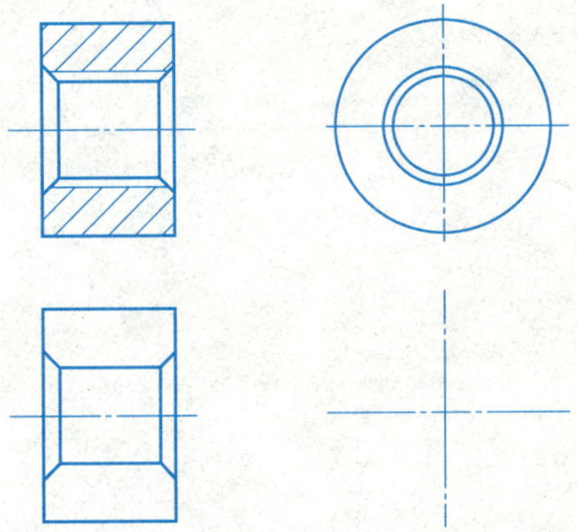

(3)

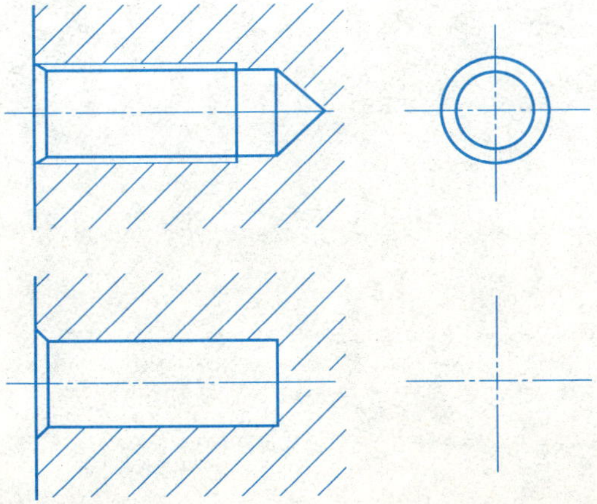

(4)

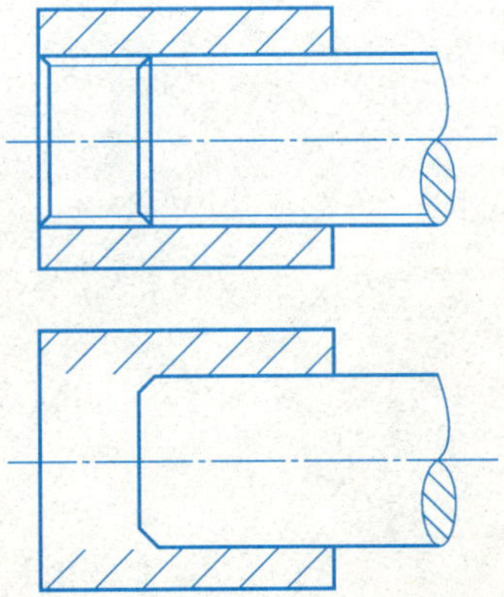

2.在下列各图中标注螺纹的规定代号。

(1) 粗牙普通螺纹，公称直径20，螺距2.5，右旋，中、顶径公差带代号6g，旋入长度代号为L。

(2) 梯形螺纹，公称直径32，导程12，头数2，左旋。

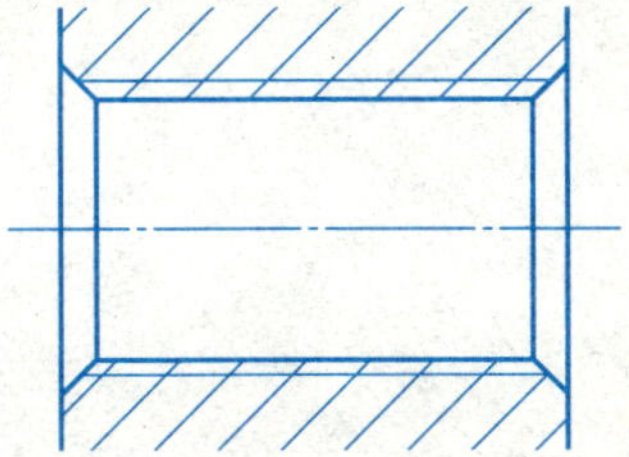

(3) 细牙普通螺纹，D=20，P=1.5，左旋，中、顶径公差带代号6H，旋入长度代号为N。

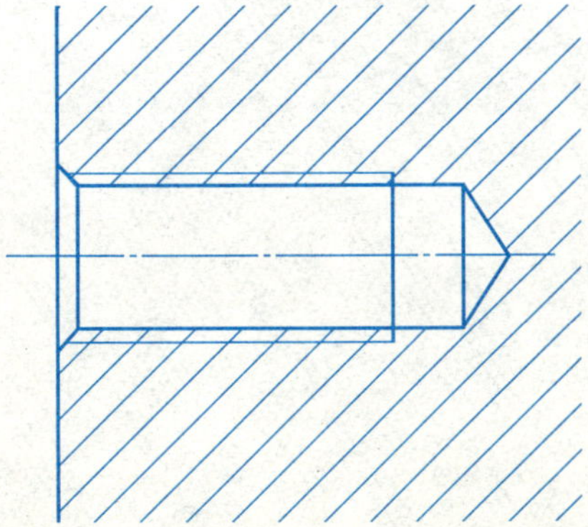

(4) 圆柱管螺纹，公称直径3/4"。

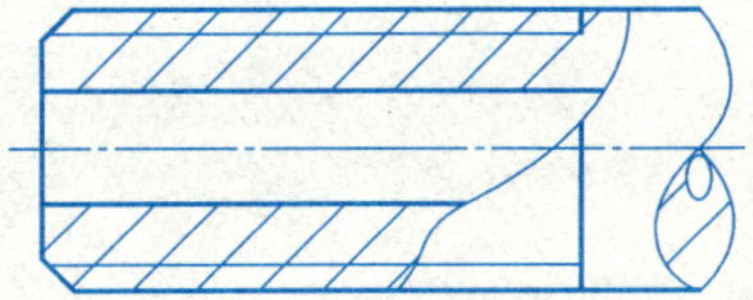

10.2 螺纹紧固件

1.查表填写下列标准件的尺寸数值，并写出其规定标记。

(1) 双头螺柱，A型，GB/T 898—1988，螺纹规格 d=M16，公称长度 l=45。

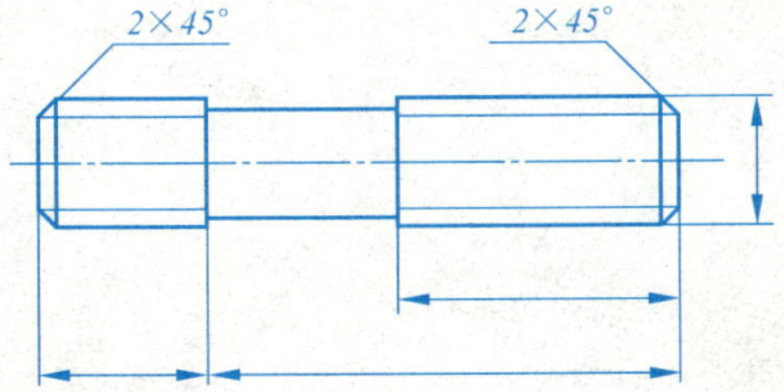

标记________________

(2) 六角头螺栓，A级，GB/T 5782—1986，螺纹规格 d=M12。

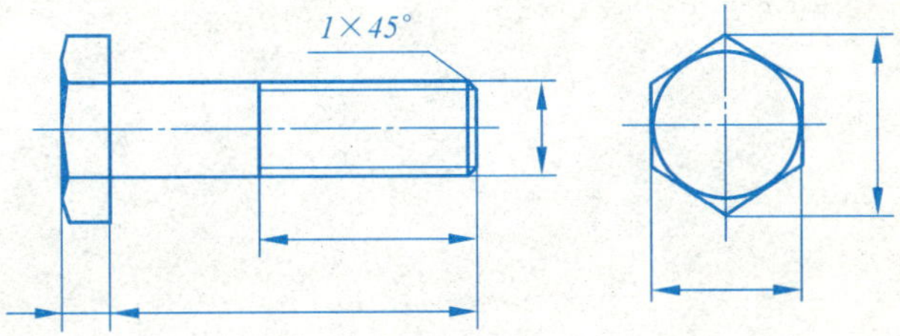

标记________________

(3) 六角螺母，B级，GB/T 6170—1986，螺纹规格 d=M20。

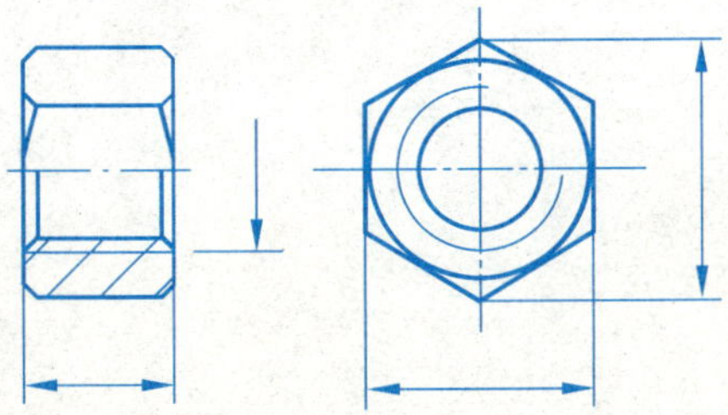

标记________________

(4) 垫圈A级，GB/T 97.1—1985，公称尺寸为12。

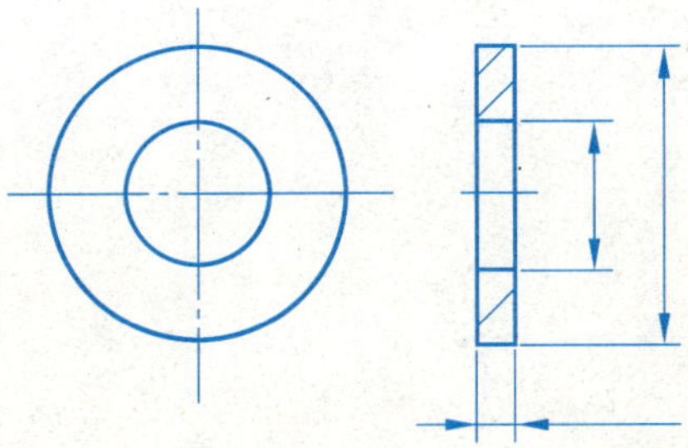

标记________________

2.用A4图幅，按下图已知尺寸画出螺栓连接、双头螺柱连接、螺钉连接的装配图。

(1)

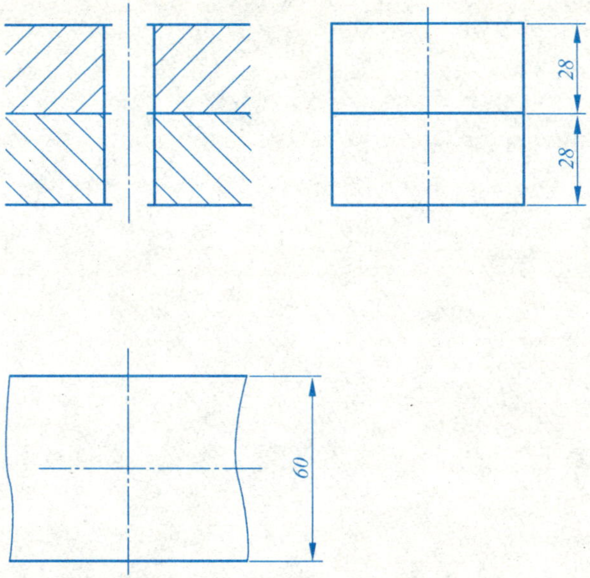

已知：

螺栓　GB/T 5782—1986-M16×l

螺母　GB/T 6170—1986-M16

垫圈　GB/T 97.2—1985-16-140HV

(2)

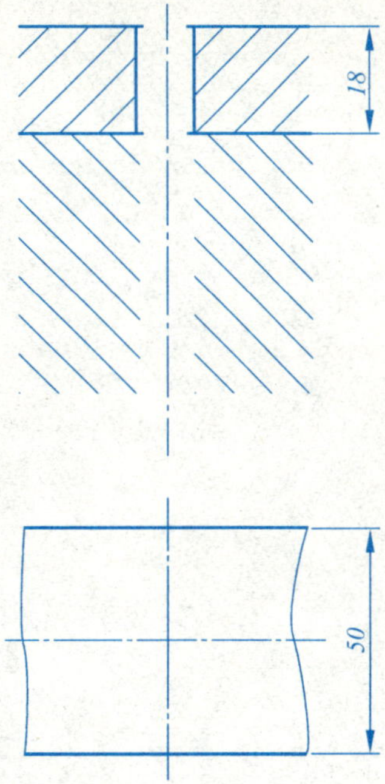

已知：

螺柱　GB/T 898—1986-M16×l

螺母　GB/T 6170—1986-M16

垫圈　GB/T 93—1987-16

(3)

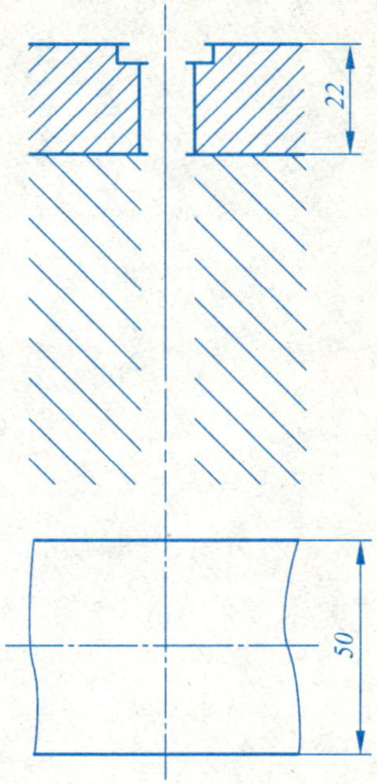

已知：

螺钉　GB/T 65—1985-M16X70

1.已知齿轮和轴，用A型普通平键连接，轴孔直径为40mm，键的长度为40mm。

(1) 写出键的规定标记；(2) 查表确定键和键槽的尺寸，用1:2的比例画全下列各视图和断面图，并标注键槽的尺寸。

(3) 完成齿轮和轴间的键连接图。

2.齿轮与轴用直径为5mm的圆柱销连接，写出圆柱销规定标记，并用2:1的比例补画销连接的剖视图。

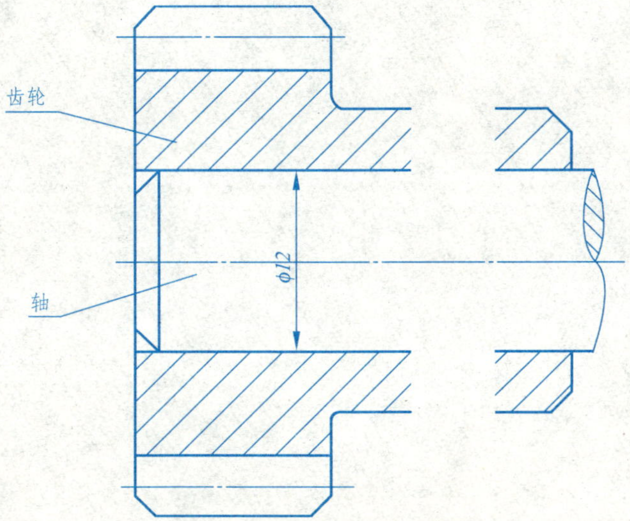

10.4 齿轮

1.已知一标准直齿圆柱齿轮，m=3、z=28，按规定画法补全齿轮的两个视图。

2.已知一对平板直齿圆柱齿轮啮合，模数 m=2，大齿轮的齿数 z_1=36，小齿轮的齿数 z_2=20，试计算两齿轮的主要尺寸，完成其啮合图。

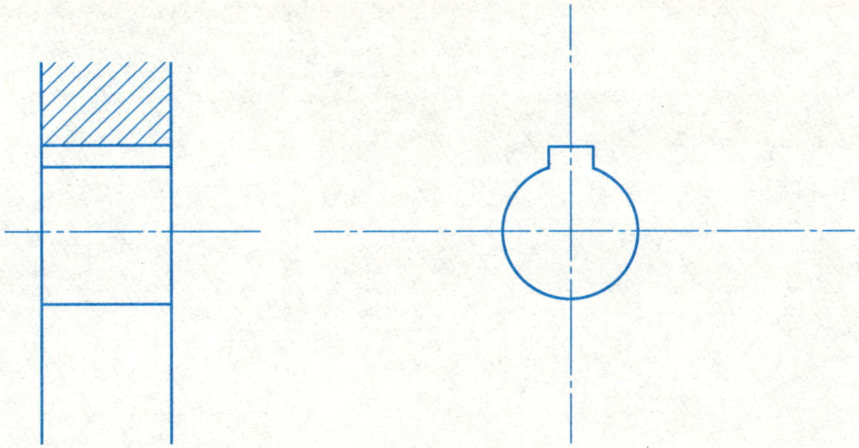

d_1=

z_1=

d_2=

d_{a1}=

d_{f1}=

d_{a2}=

d_{f2}=

10.5 弹簧

按1:1的比例画出圆柱螺旋压缩弹簧的全剖视图（外径60、簧丝直径6、螺距14、有效圈数8、总圈数10.5、右旋），并标注尺寸。

11.1　抄画零件图

1.抄画零件图，并补齐零件图上指定结构的尺寸（尺寸数字按1:1量取整数）。

(1) 补全图上A、B、C、D结构的尺寸。

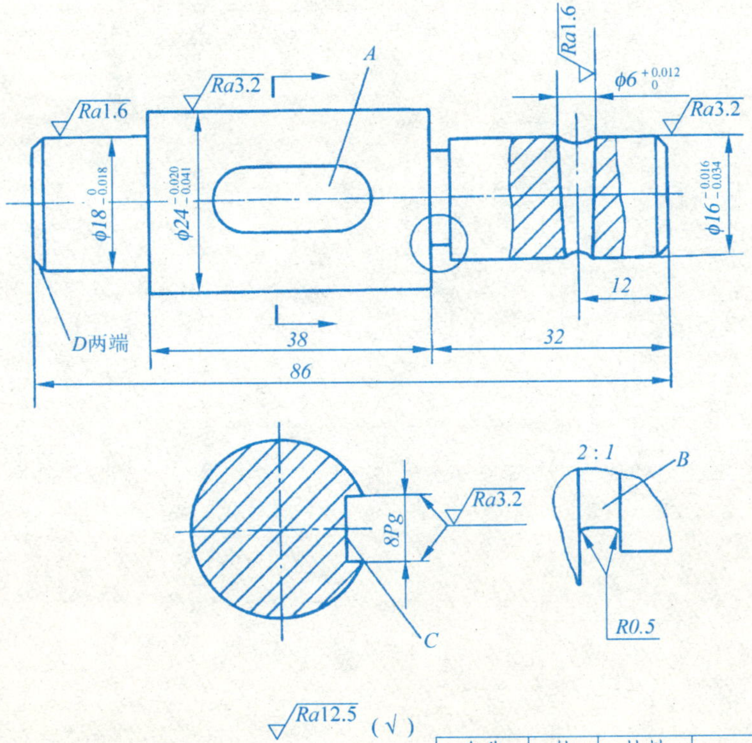

名称	轴	材料	45

(2) 补全图上E、F结构的尺寸。

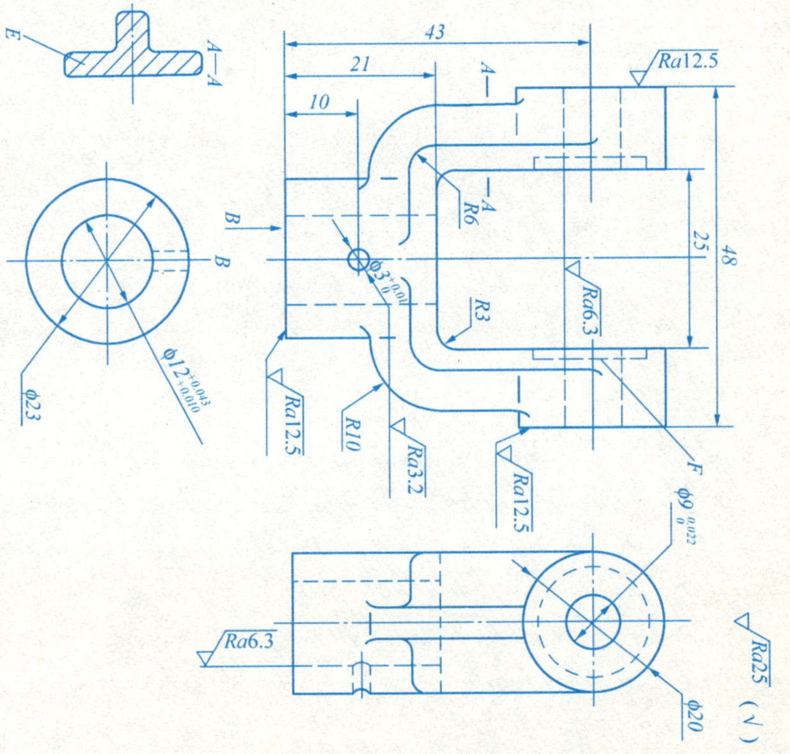

名称	支架	材料	HT200

11.2 表面粗糙度的标注

1.指出表面粗糙度标注中的错误，并将正确的标注注在右图中。

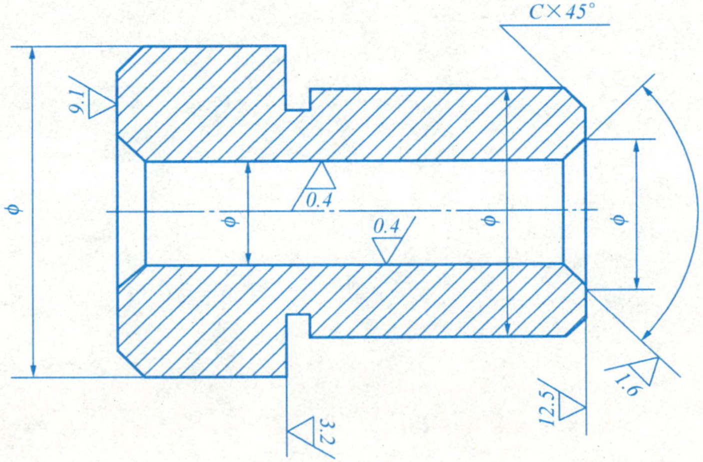

2.在零件指定表面注写表面粗糙度代号。

表面	*Ra*值
A	3.2
B	1.6
C	1.6
D	6.3
E	6.3
F	3.2

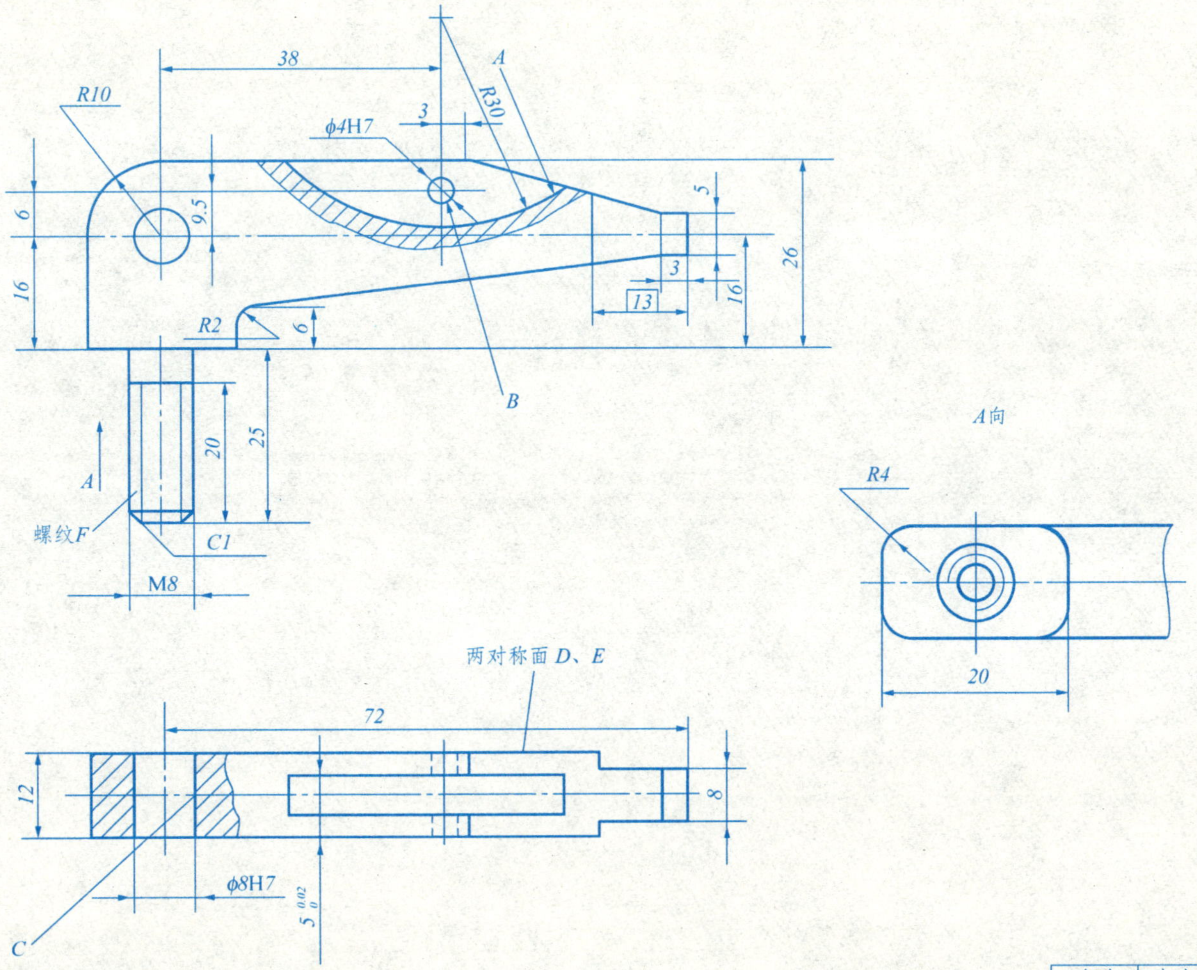

$\sqrt{Ra25}$ (√)

名称	杠杆	材料	45

1.说明下图中零件的配合代号及其含义。

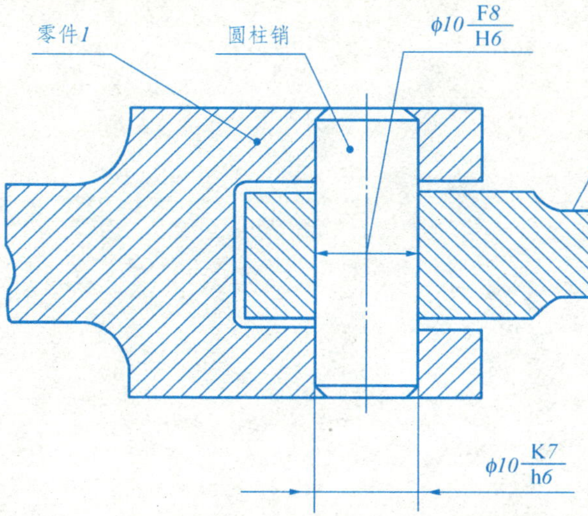

(1) 零件 1 与圆柱销的配合代号________。

零件 2 与圆柱销的配合代号________。

(2) $\phi 10\frac{F8}{h6}$ 的含义是：

A.相配合孔、轴的基本尺寸是________。

B.配合的基准制为________。

C.孔的基本偏差代号为________，公差等级为________。

D.轴的基本偏差代号为________，公差等级为________。

2.根据配合代号，查表后注出孔和轴的偏差值。

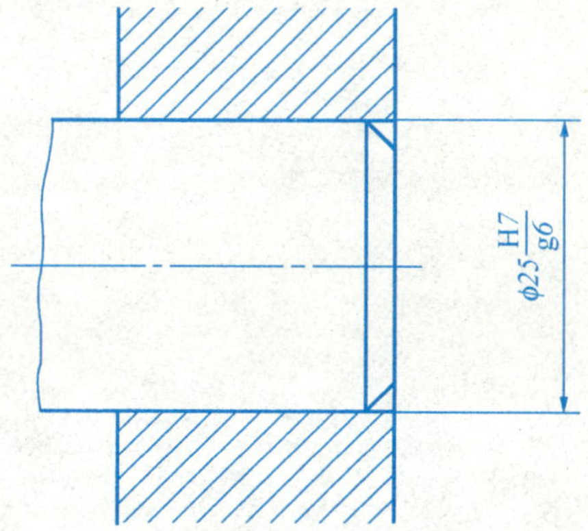

3.根据装配图中的配合代号，在零件图上分别标出孔和轴的尺寸及公差带代号，查出偏差数值并填空。

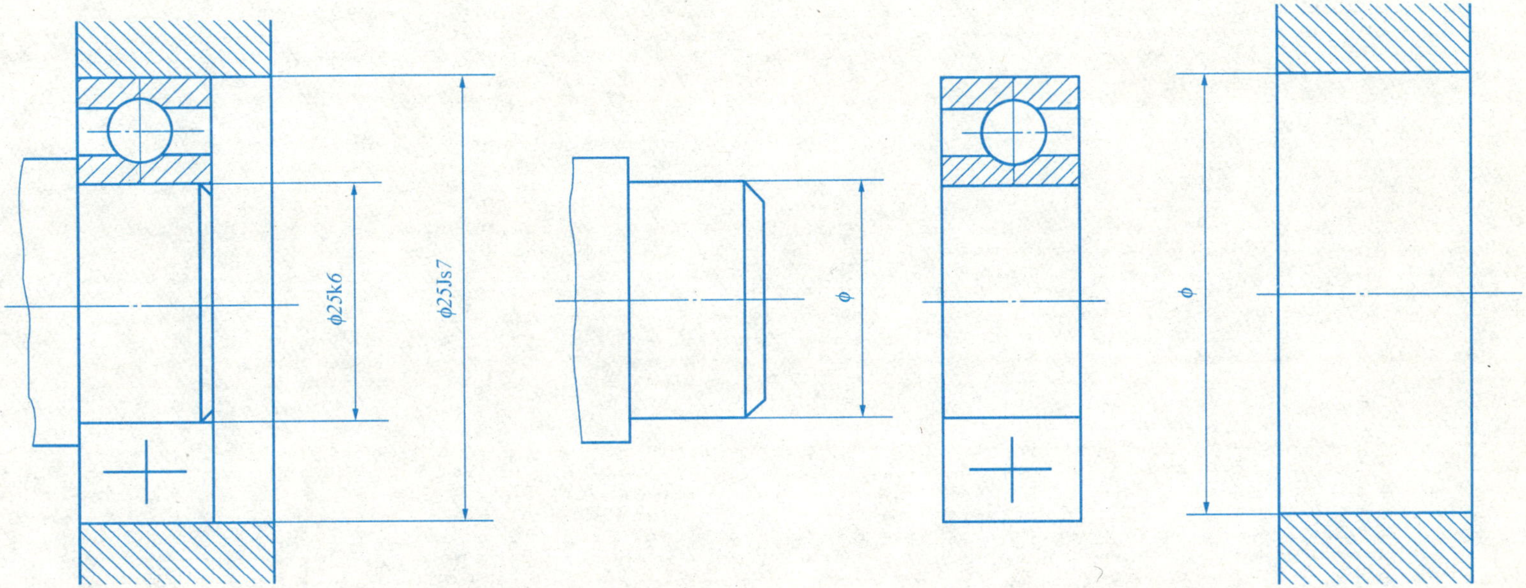

轴承内孔与轴的配合制度是________制，轴的基本偏差代号为________，是________配合。

轴承外圈与孔的配合制度是________制，孔的基本偏差代号为________，公差等级是________。

11.4 形位公差练习

1. 说明图中所注公差框格的含义。

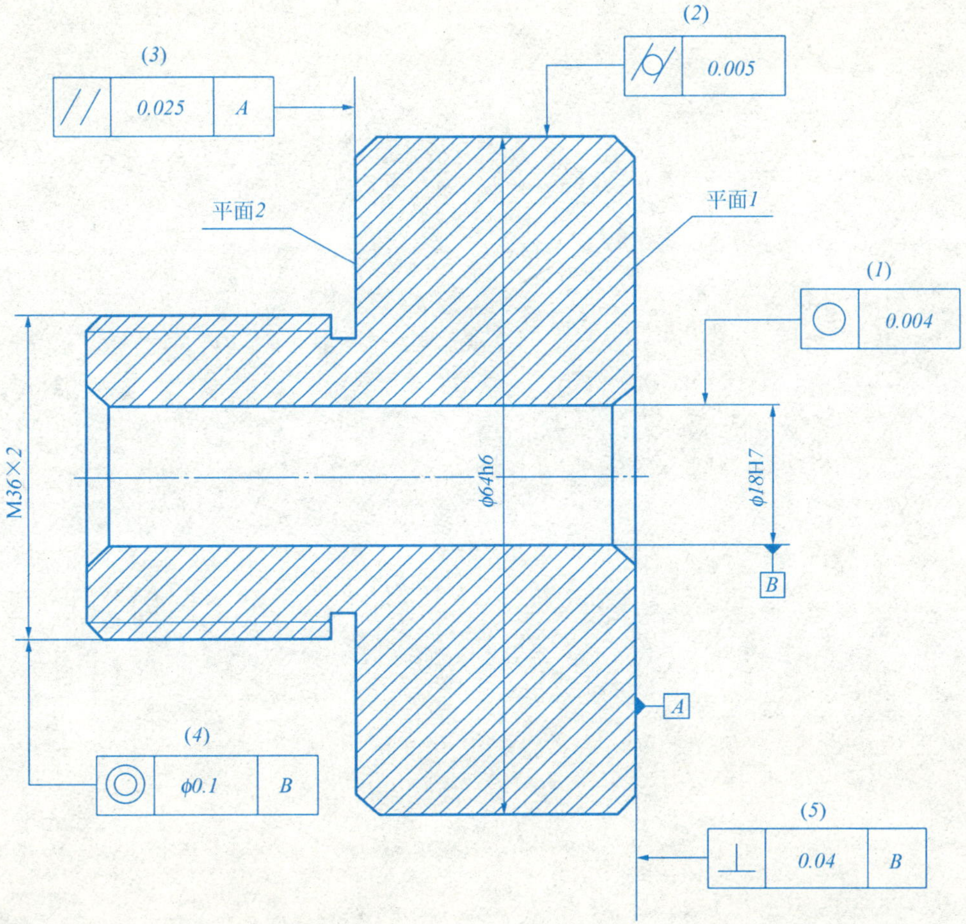

1. 框格 (1) 的含义：

被测要素是____________，

公差项目是____________，

公差值是____________。

2. 框格 (2) 的含义：

被测要素是____________，

公差项目是____________，

公差值是____________。

3. 框格 (3) 的含义：

被测要素是____________，

基准要素是____________，

公差项目是____________，

公差值是____________。

4. 框格 (4) 的含义：

被测要素是____________，

基准要素是____________，

公差项目是____________，

公差值是____________。

5. 框格 (5) 的含义：

被测要素是____________，

基准要素是____________，

公差项目是____________，

公差值是____________。

2.分析图中形位公差标注的错误，并在右图上重新正确地标注。

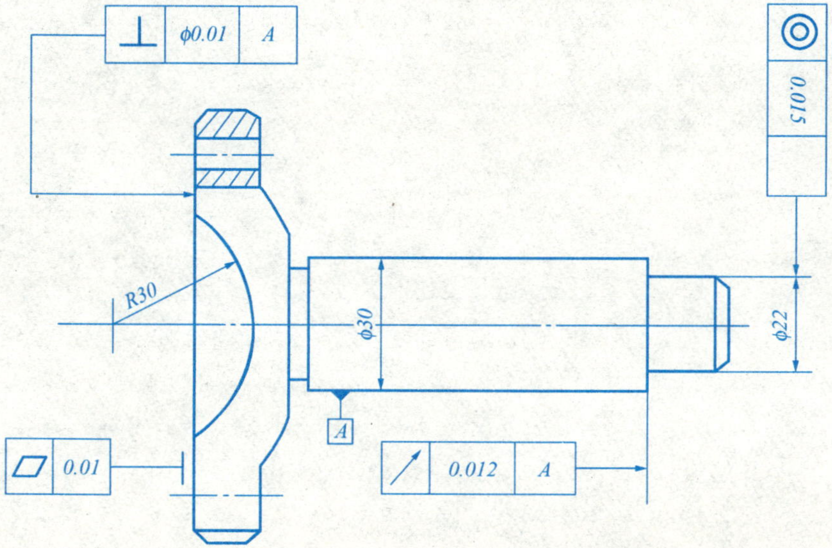

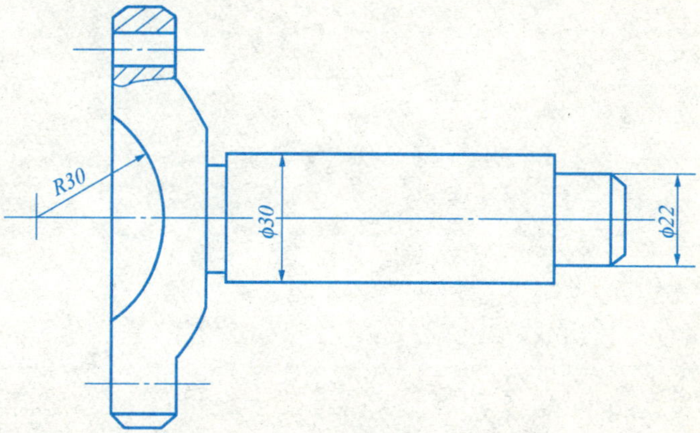

11.5 读零件图

1.

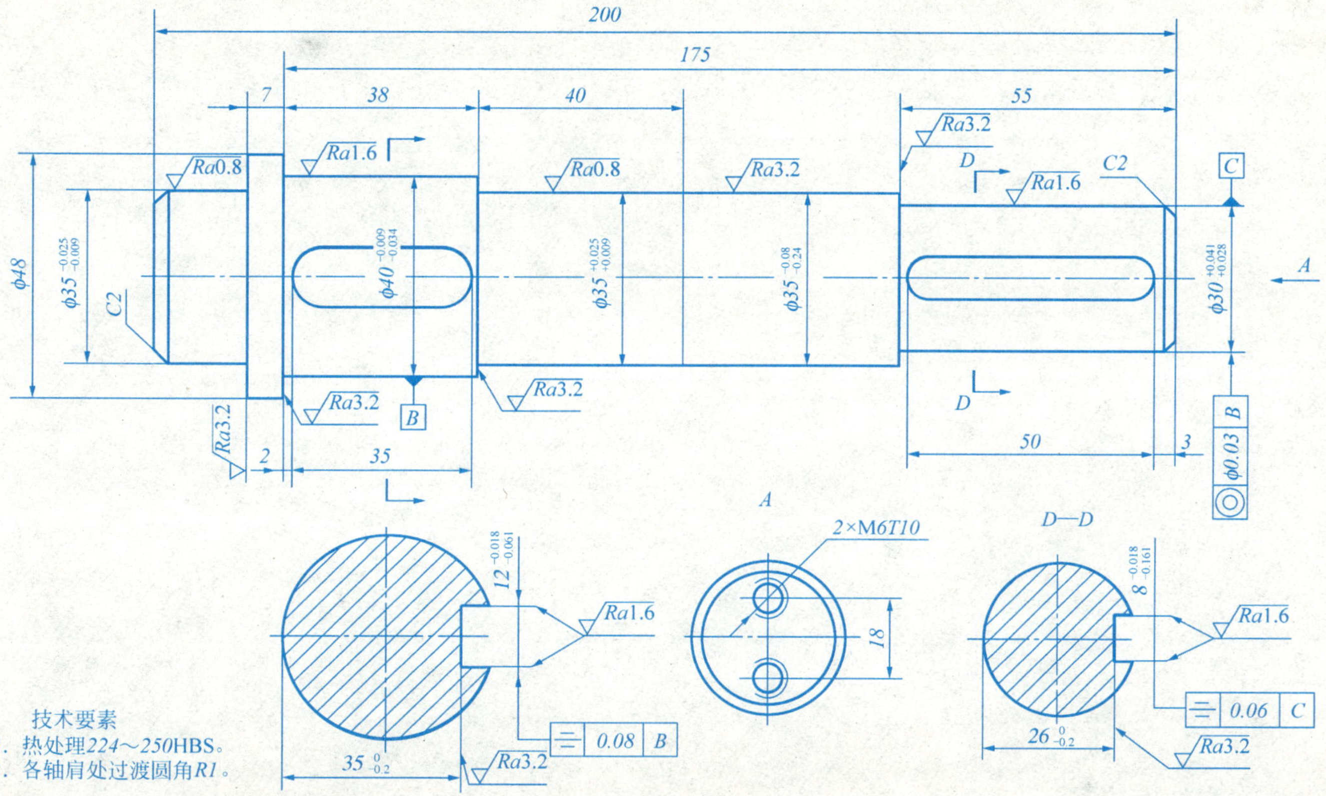

技术要素

1. 热处理224～250HBS。
2. 各轴肩处过渡圆角R1。

Ra12.5 (√)

轴		比例	数量	材料	(图号)
		1:1	1	45	
制图	(日期)	(校名)			
审核	(日期)				

续

读图回答问题：

(1) 该零件的名称是_______，材料是_______，比例是_______。

(2) 该零件用_______个视图表示，各视图的名称是____。

(3) 该零件上两个键槽的宽度分别为_______和_______，深度分别为_______和_______，长度方向的定位尺寸分别为_______和_______。

(4) 尺寸 $\phi35^{+0.025}_{+0.009}$ 的最大极限尺寸为_______，最小极限尺寸为_______，公差为_______。

(5) 在该零件的加工表面中，要求最高的表面的表面粗糙度代号为_______，这种表面有_______处。

(6) 图中有_______处形位公差代号，解释框格 | ⌯ | 0.08 | B | 的含义：被测要素是_______，基准要素是_______，公差项目是_______，公差值是_______。

2.

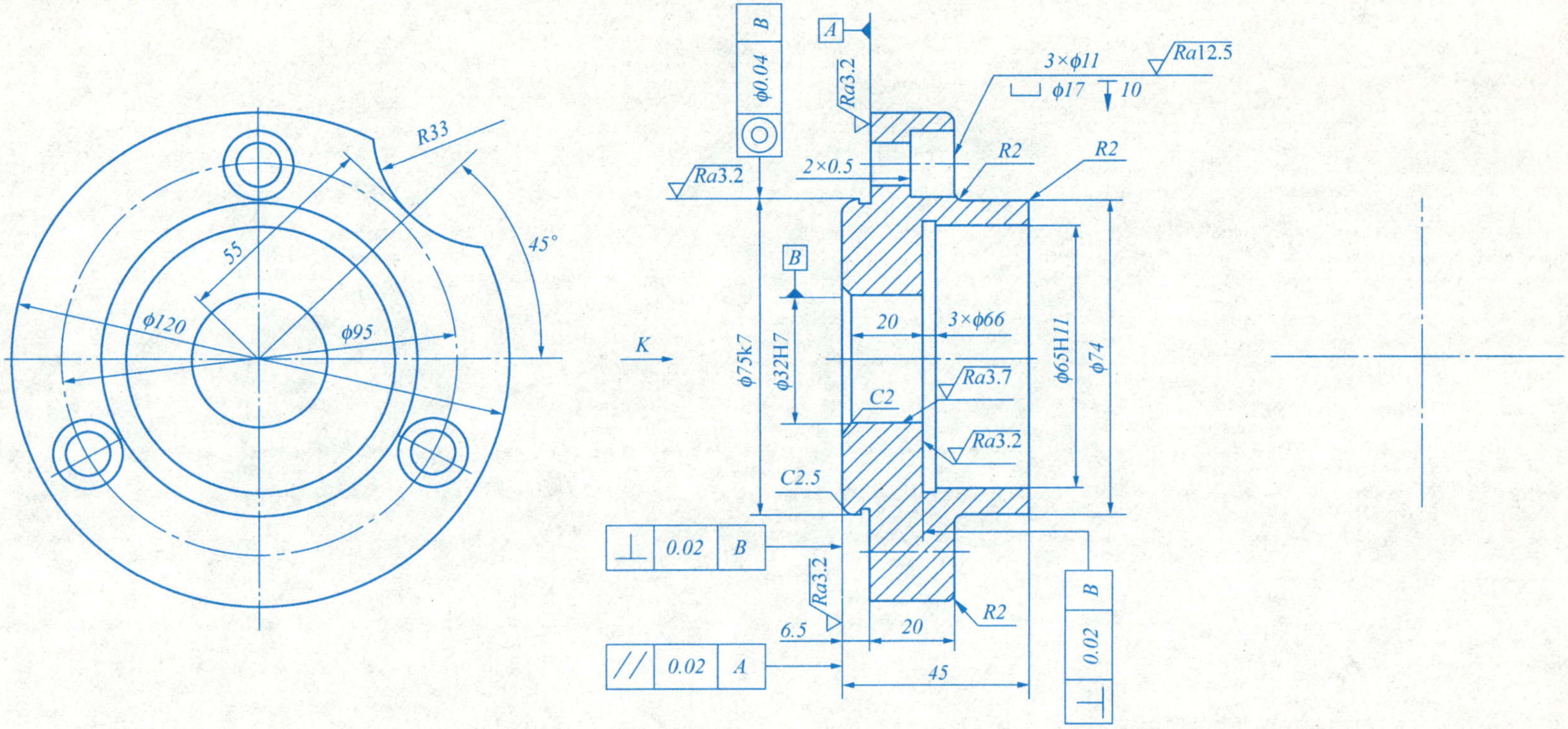

Ra25 (√)

法兰盘	比例	数量	材料	(图号)
	1:1	1	HT150	
制图 (日期)	(校名)			
校核 (日期)				

续

读图回答问题：

(1) 该零件的名称是________，材料是________，比例是________。

(2) 该零件用________个视图表示，哪一个是主视图？为什么？____

____。

(3) 在图上用指引线指出零件的长度和高度方向的主要基准。

(4) 图中尺寸 $\frac{3\times\phi 11}{\sqcup\phi 17\,\overline{\blacktriangledown}\,10}$ 表示____，沉孔的定位尺寸为________________________________。

(5) 图中有________处公差带代号，ϕ32H7 的含义为____。

(6) 该零件左端面的表面粗糙度代号为________，右端面的表面粗糙度代号为________，要求最不光洁的表面粗糙度代号为________。

(7) 图中有________处形位公差代号，解释框格 | ◎ | ϕ0.04 | *B* | 的含义：被测要素是__________________，基准要素是____________________，公差项目是________________，公差值是________________。

(8) 请在指定位置画出相应的视图。

3.

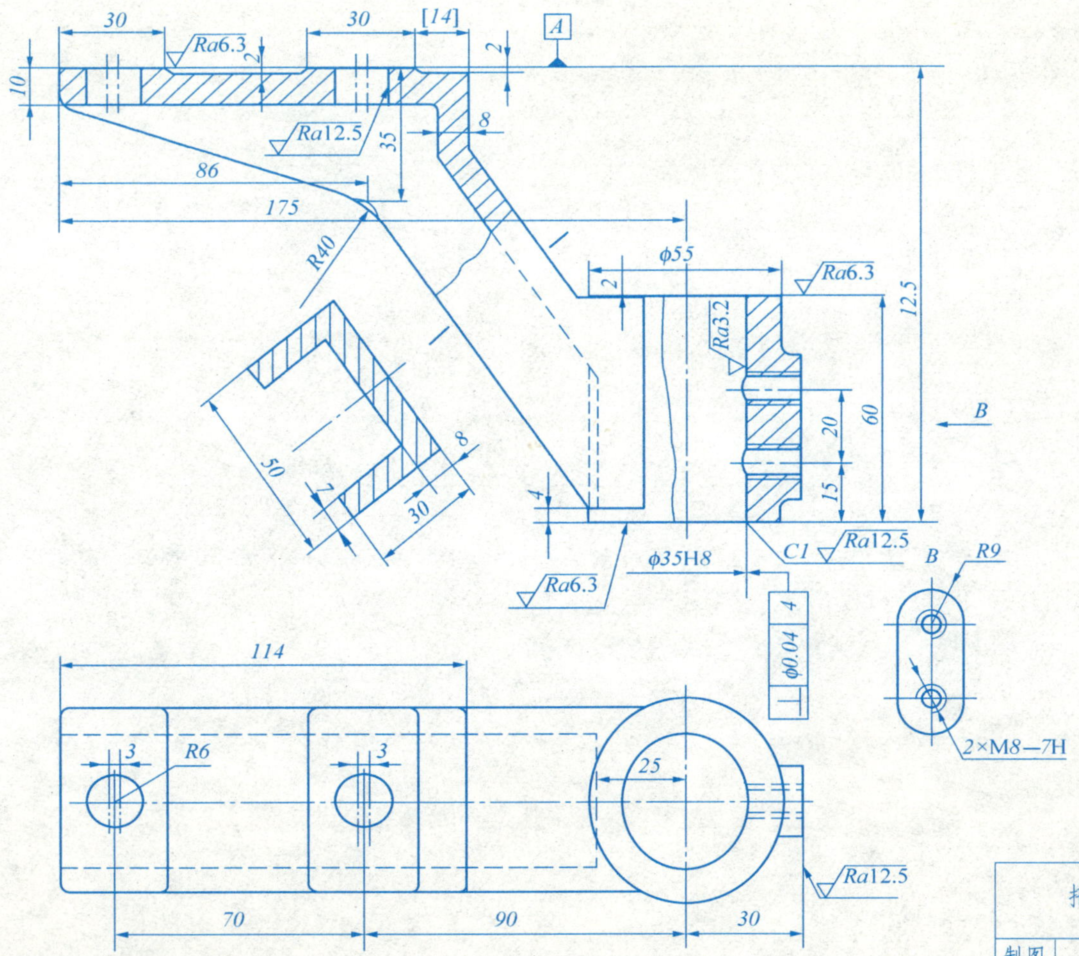

技术要求

1. 未注图角 $R3 \sim R5$。
2. 铸件不得有砂眼、裂纹。

托　脚	比例	数量	材料	(图号)
	1:1	1	HT150	
制图	(日期)	(校名)		
校核	(日期)			

续

读图回答问题：

(1) 该零件的名称是________，材料是________，比例是________。

(2) 该零件用________个视图表示，各视图的名称及剖切方法是____。

(3) 在图上用指引线指出零件的长、宽、高方向的主要基准。

(4) 该零件顶部两个腰圆形孔的定位尺寸是____。

(5) 该零件的加工表面中，要求最光洁的表面的粗糙度代号为________，“◯✓ (✓)”表示____。

(6) ϕ35H8 的含义是____。

(7) 解释框格 | ⊥ | ϕ0.04 | A | 的含义：被测要素是____，基准要素是____，公差项目是____________，公差值是____________。

4.

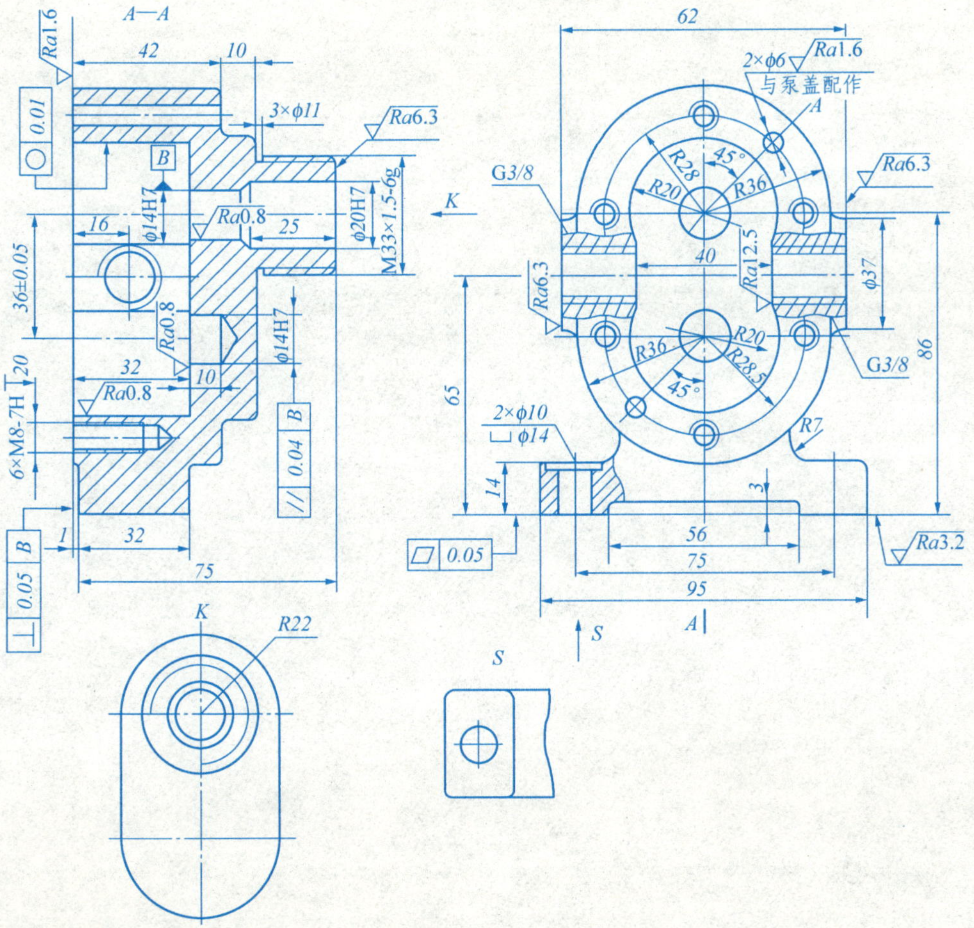

技术要求

1. 未注图角 $R5$。
2. 未注例角 $C1$。
3. 铸件不得有砂眼、气孔。

(√)

泵　体	比例	数量	材料	(图号)
	1:1	1	HT200	
制图	(日期)	(校名)		
校核	(日期)			

续

读图回答问题：

(1) 该零件的名称是________，材料是________，比例是________。

(2) 该零件用________个视图表示，各视图的名称及剖切方法是____。

(3) 在图上用指引线指出零件的长、宽、高方向的主要基准。

(4) G3/8是______________________螺纹，3/8是螺纹的______________，螺纹的旋向为__________。

(5) 该零件的加工表面中，要求最光洁的表面的粗糙度代号为________。

(6) ϕ14H7的含义是____。

(7) 销孔2×ϕ6的定位尺寸是____。

(8) 螺孔尺寸“6×M8-7H↧20”中的6表示____________________________，M8表示______________________________，7H↧表示____________________。

(9) 图中有______处形位公差代号，解释框格 | // | 0.04 | B | 的含义：被测要素是____，基准要素是____，公差项目是__________________________，公差值是________________________________。

11.6 绘制零件图练习

1. 轴类零件。

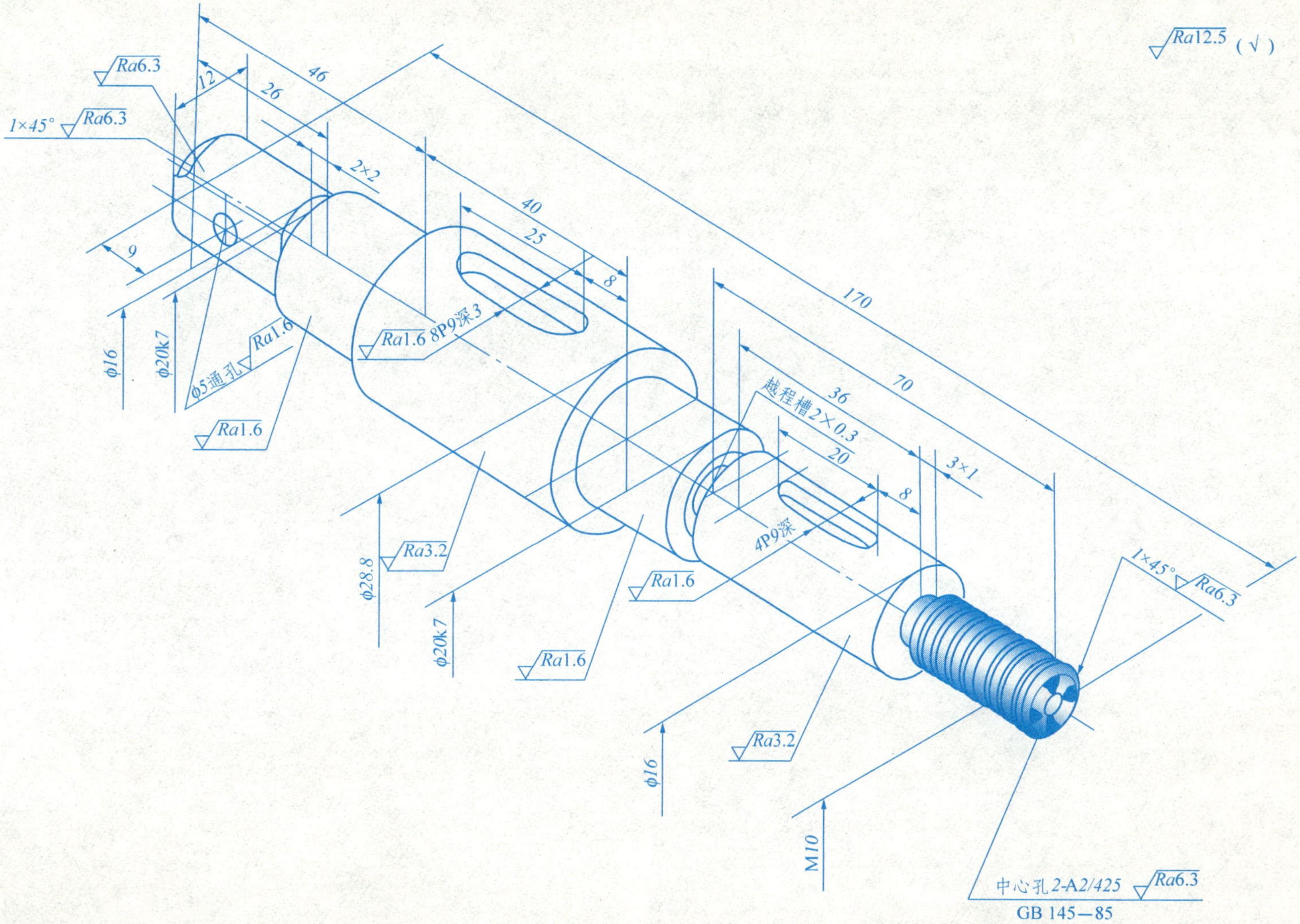

2. 自定比例，参照教材同类零件，编注技术要求。

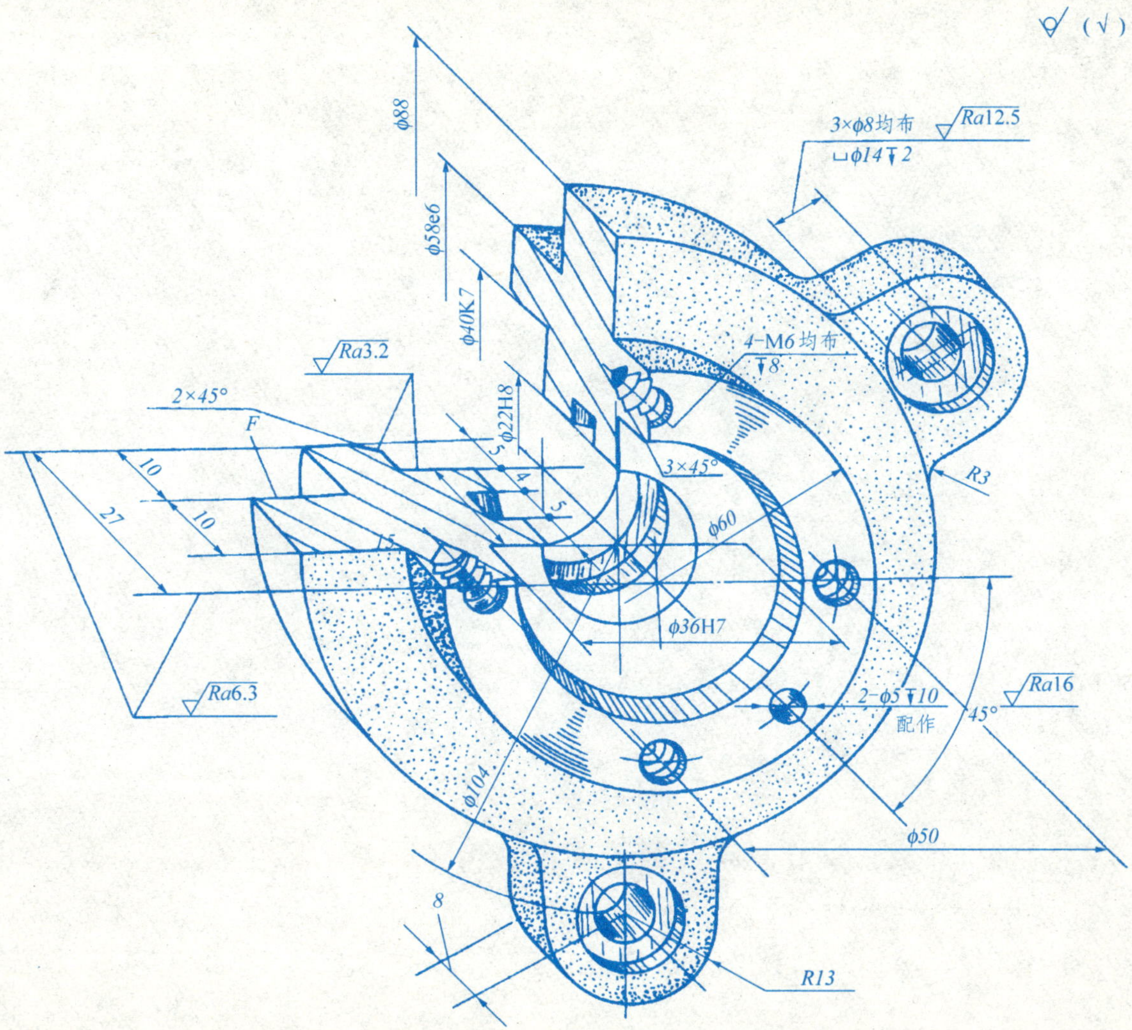

3.自定比例，参照教材同类零件，编注技术要求。

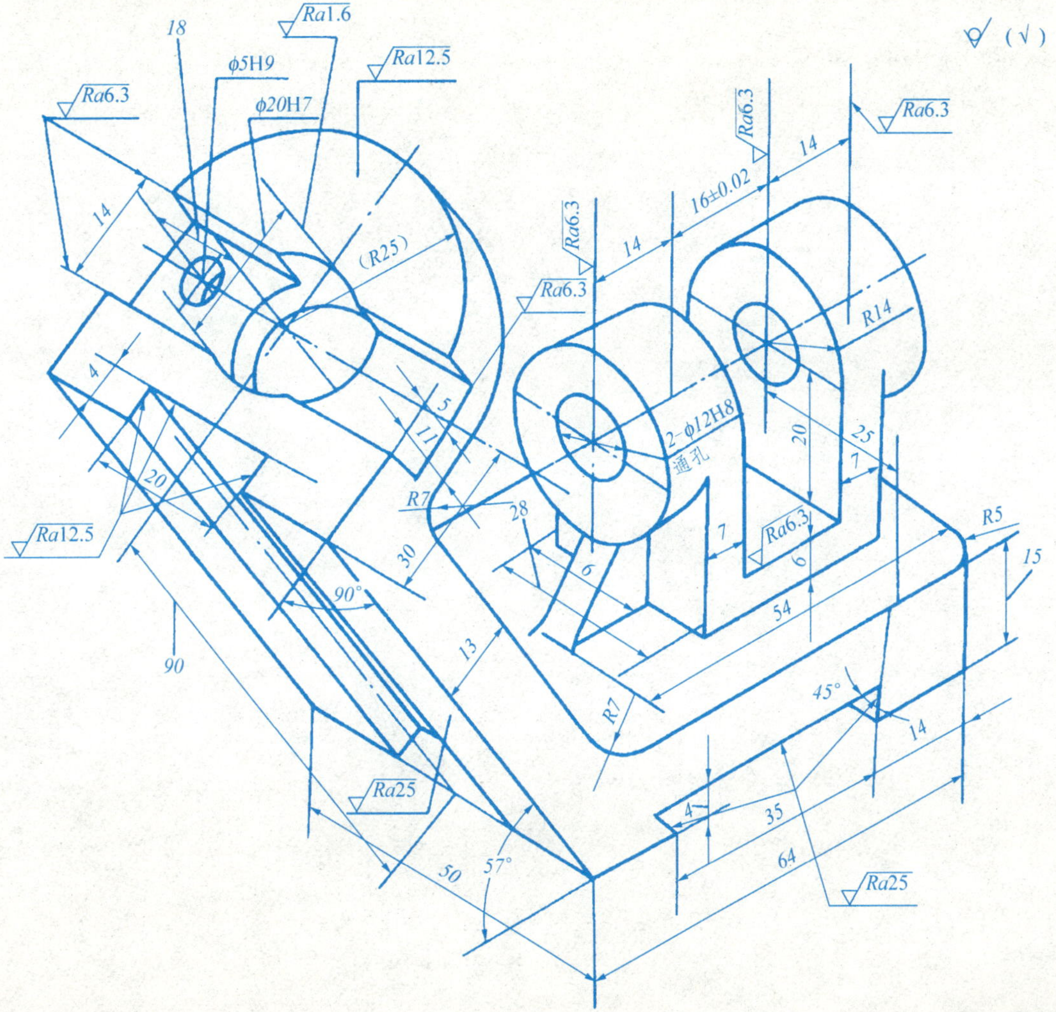

第 12 章 装配图

12.1 根据微型调节支承的装配示意图和零件图，拼画装配图

工作原理：

微型调节支承是用来支承不太重的工件，并可根据需要调节其支承高度，共有 5 个零件组成。套筒 2 与底座 1 用细牙螺纹连接。带有螺纹的支承杆 5 插入套筒 2 的圆孔中。转动带有螺孔的调节螺母 4 可使支承杆上升或下降，以支承住工件，螺钉 3 旋进支承杆上的导向槽，使支承杆只能升降而不能做旋转运动；同时螺钉 3 还可用来控制支承杆上升的极限位置。调节螺母 4 下端的凸缘与套筒 2 上端的凹槽配合，以增强调节螺母转动时的平稳性。

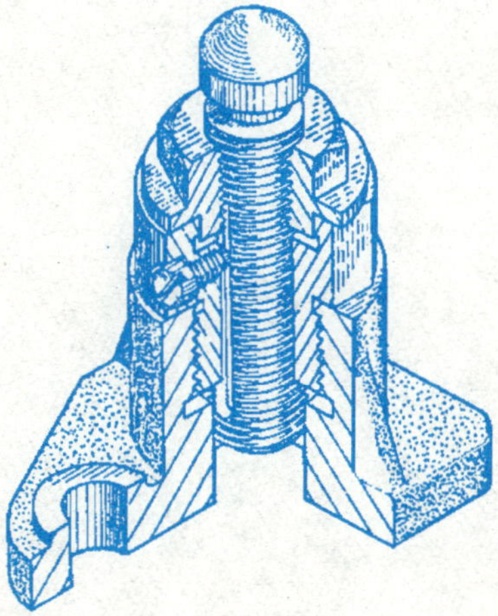

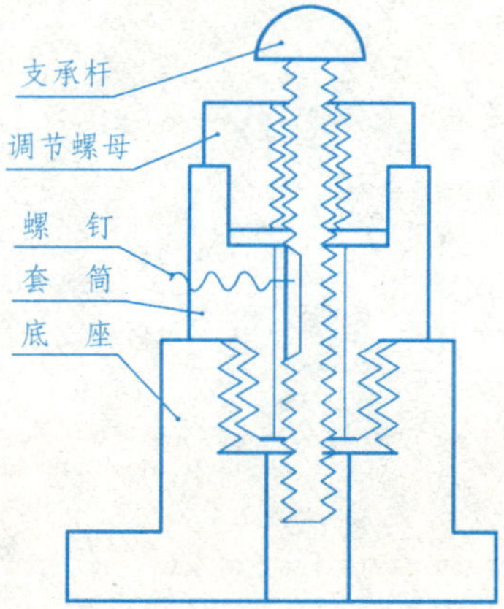

序号	名称	数量	材料	备注
5	支承杆	1	45	
4	调节螺母	1	45	
3	螺钉 M8×12	1	45	
2	套筒	1	45	
1	底座	1	ZG25	

微型调节支承的各零件图

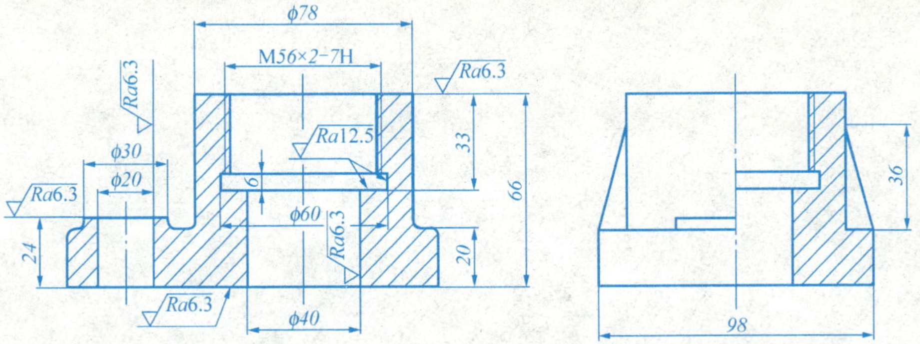

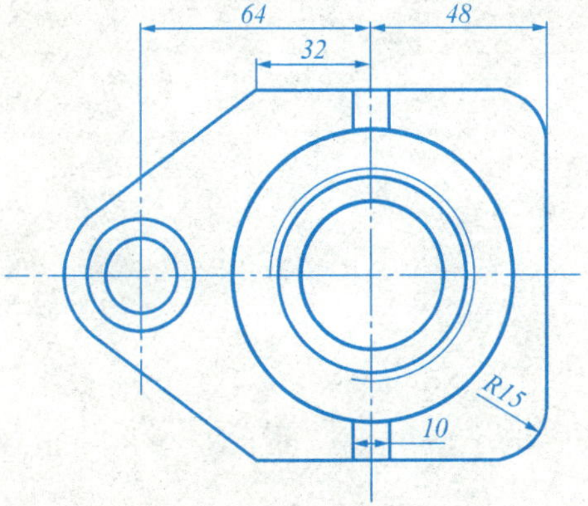

技术要求
铸造圆角半径R3。

名称	底座	材料	ZG25	数量	1

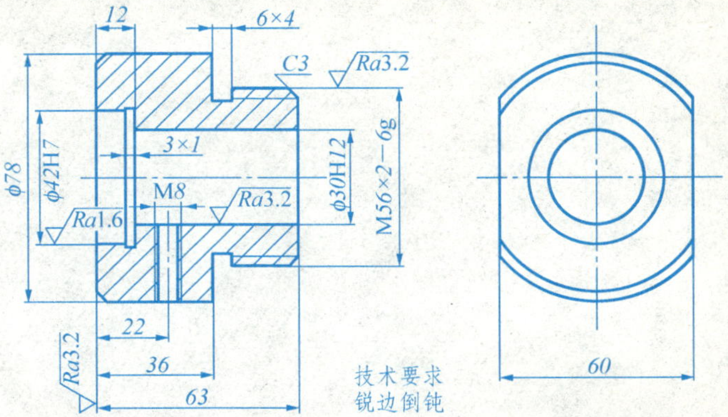

技术要求
锐边倒钝

Ra12.5 (√)

名称	套筒	材料	45	数量	1

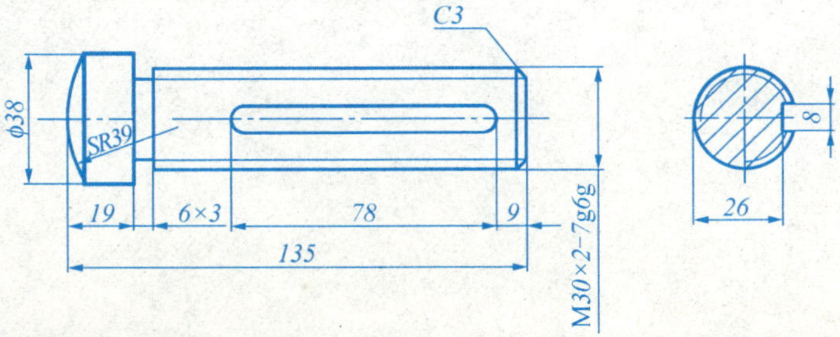

技术要求
1. 锐边倒钝。
2. 表面发蓝。

Ra12.5 (√)

名称	支承杆	材料	45	数量	1

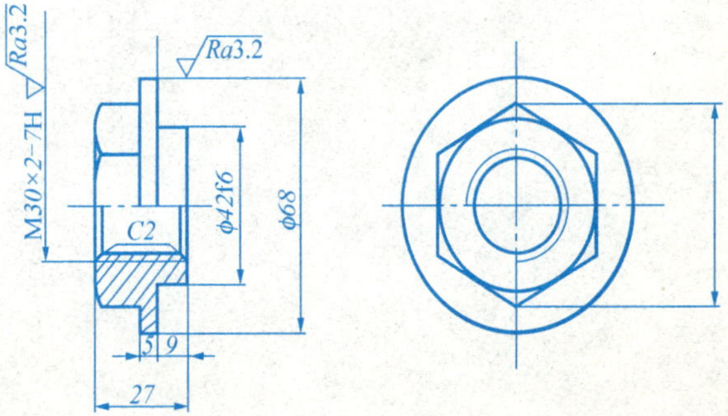

技术要求
锐边倒钝

Ra12.5 (√)

名称	调节螺母	材料	45	数量	1

12.2 根据机用虎钳的装配示意图和零件图，拼画装配图

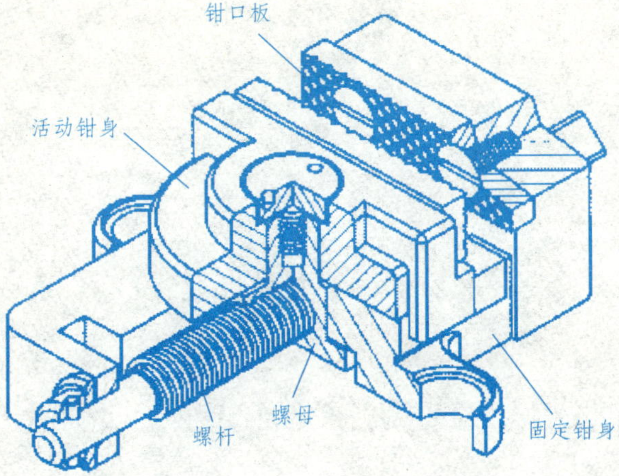

工作原理：

机用虎钳是用来夹持工件进行加工的部件。它主要由固定钳身、活动钳身、钳口板、螺杆及螺母等组成。

螺母与活动钳身用螺钉连成整体，螺杆固定在固定钳身上，转动螺杆可带动螺母作直线移动。因此，当螺杆转动时，活动钳身就会沿固定钳身移动，这样，钳口可以闭合或开放，以夹紧或松开工件。

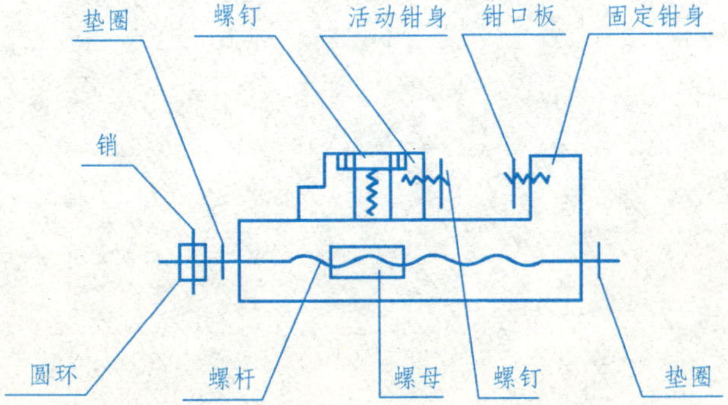

序号	名　称	数量	材料	备注
11	垫圈	1	Q235A	
10	螺钉	4	Q235A	GB/T 68—2000
9	螺母	1	Q235A	
8	螺杆	1	45	
7	圆环	1	Q235A	
6	销 4×25	1	45	GB/T 119.1—2000
5	垫圈 B12	1	Q235A	GB/T 97.1—2000
4	螺钉	1	Q235A	
3	活动钳身	1	HT200	
2	钳口板	2	45	
1	固定钳身	1	HT200	

机用虎钳的零件图（一）

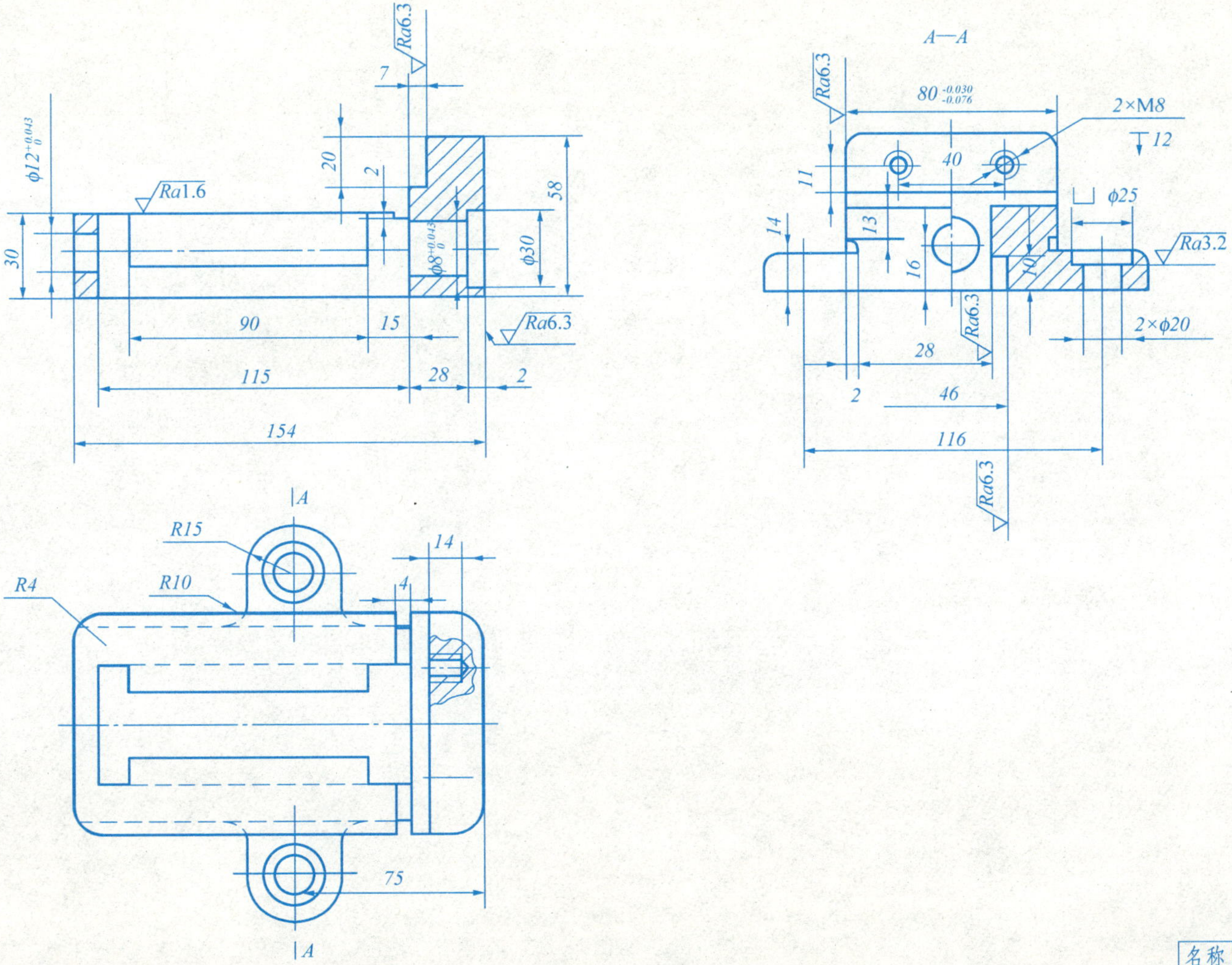

(√)

名称	固定钳身	材料	HT200	数量	1

机用虎钳的零件图（二）

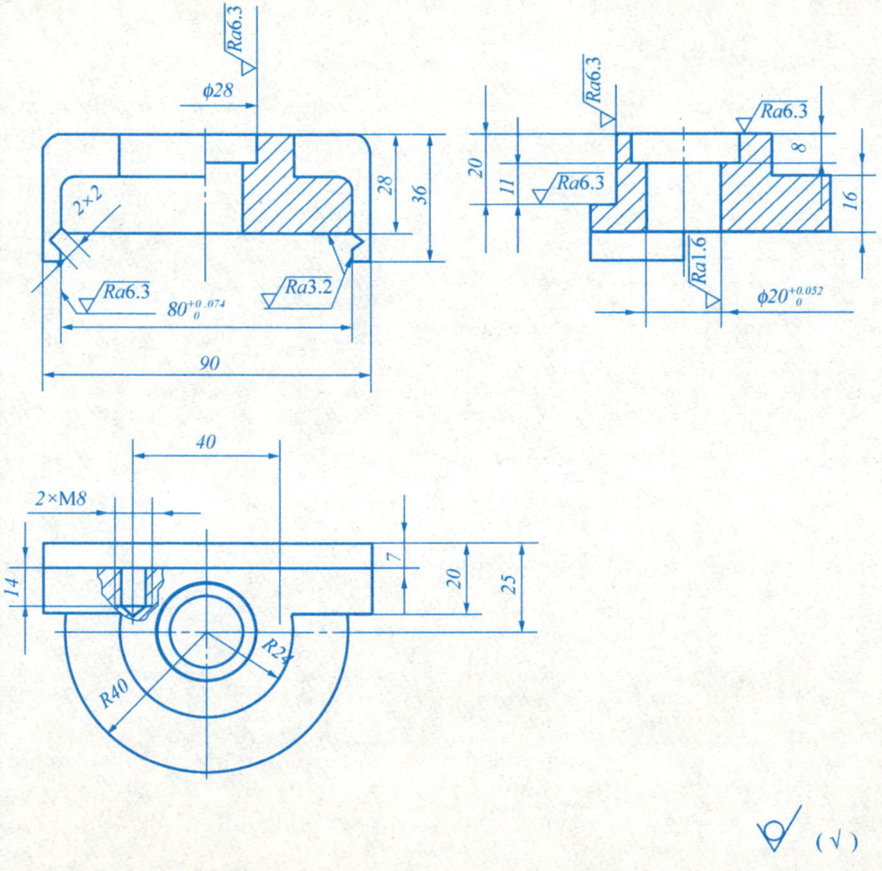

名称	活动钳身	材料	HT200	数量	1

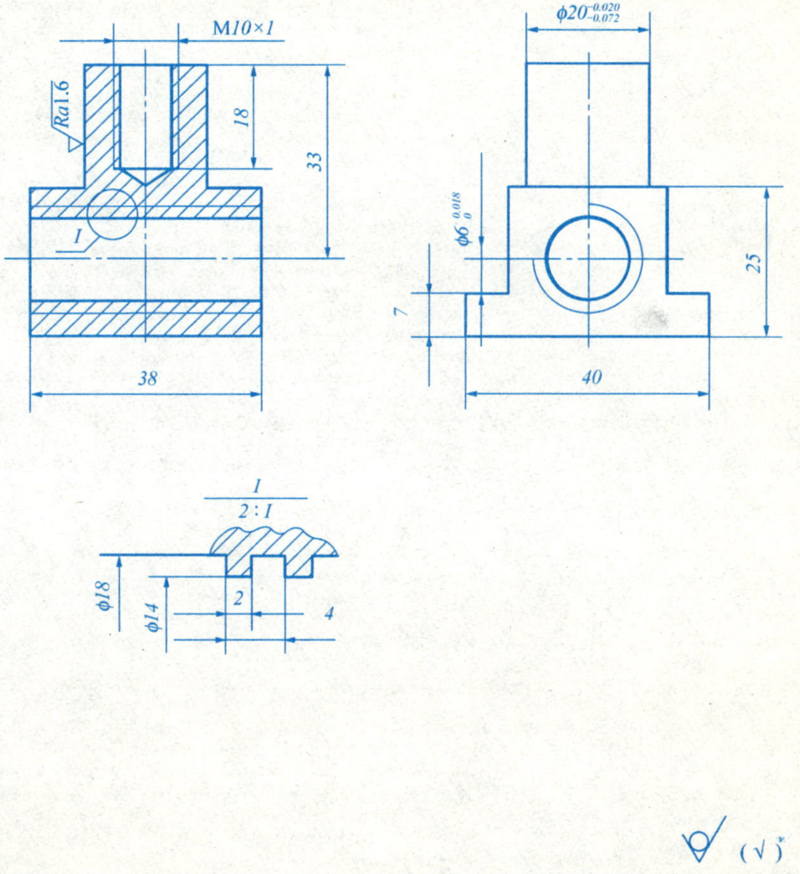

名称	螺母	材料	Q235A	数量	1

机用虎钳的零件图（三）

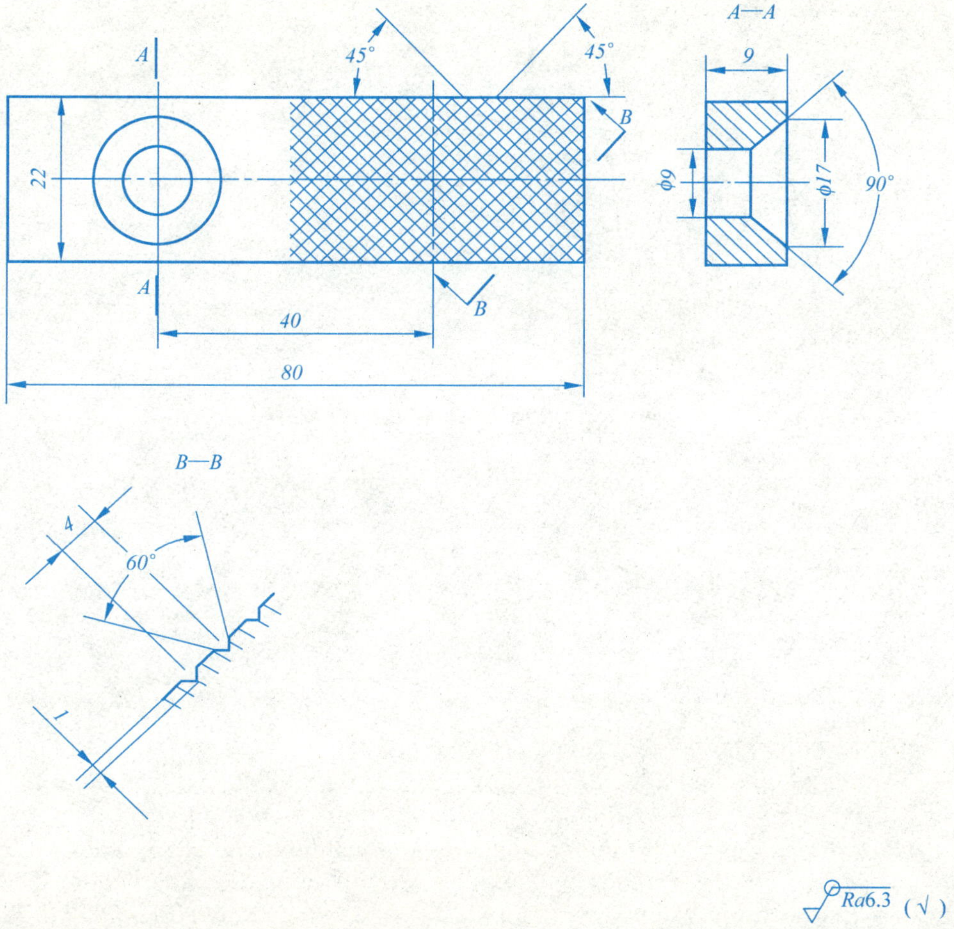

名称	钳口板	材料	45	数量	1

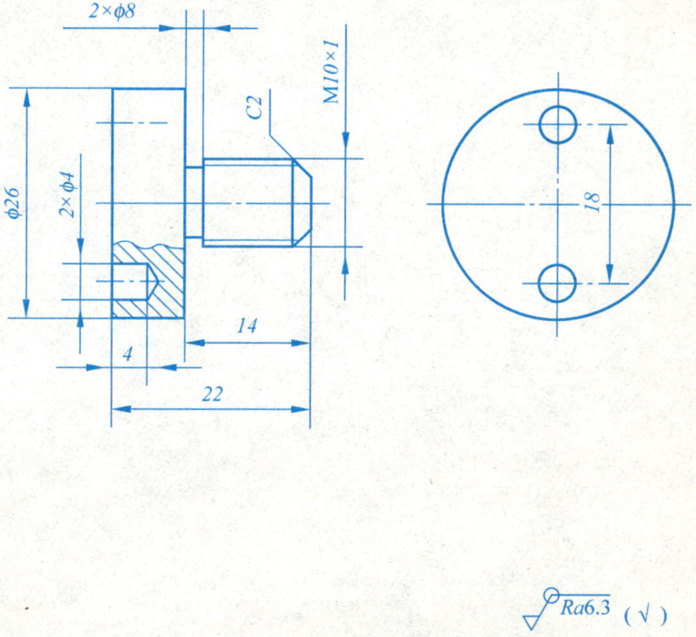

名称	螺钉	材料	Q235A	数量	1

机用虎钳的零件图（四）

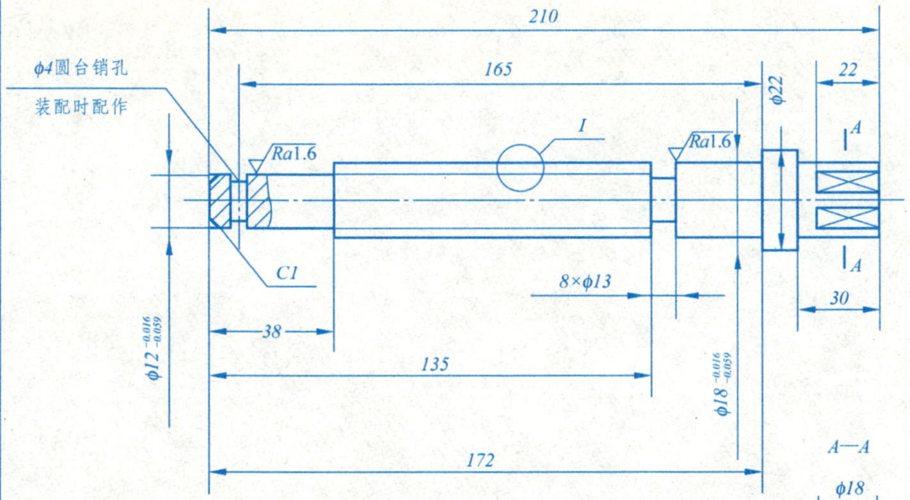

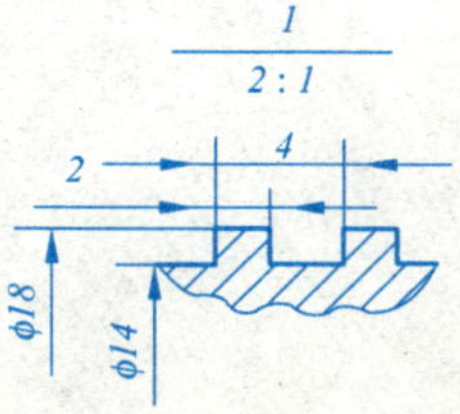

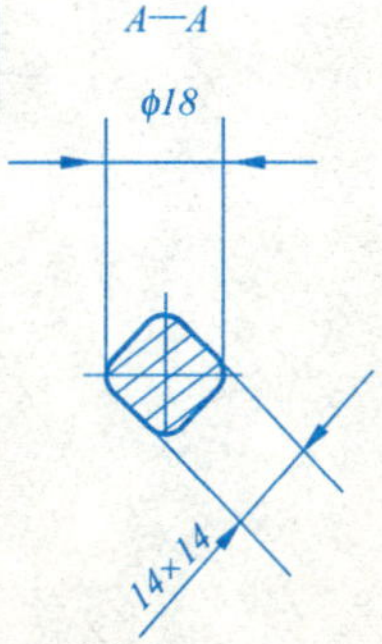

Ra6.3（√）

名称	螺杆	材料	45	数量	1

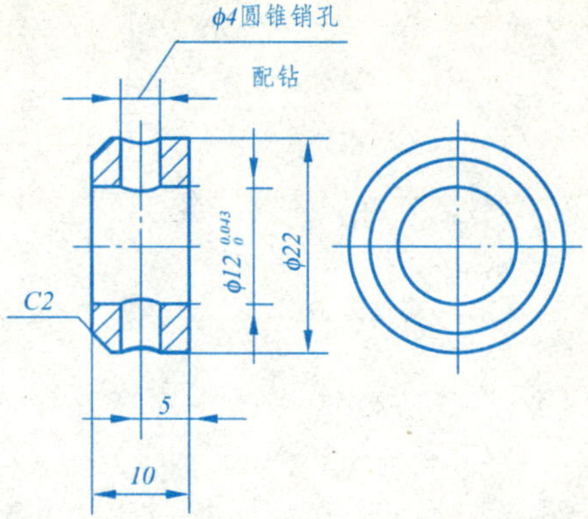

Ra6.3（√）

名称	圆环	材料	Q235A	数量	1

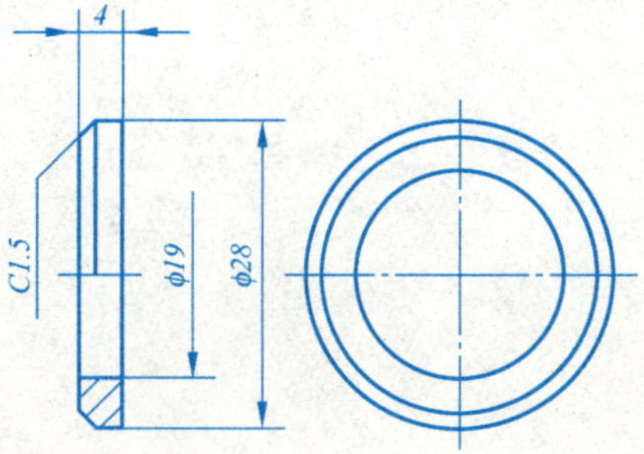

Ra6.3（√）

名称	垫圈	材料	Q235A	数量	1

12.3 根据滑动轴承的零件图，拼画装配图

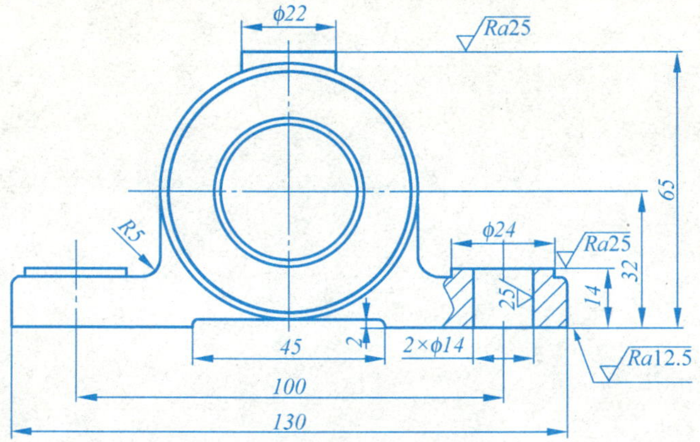

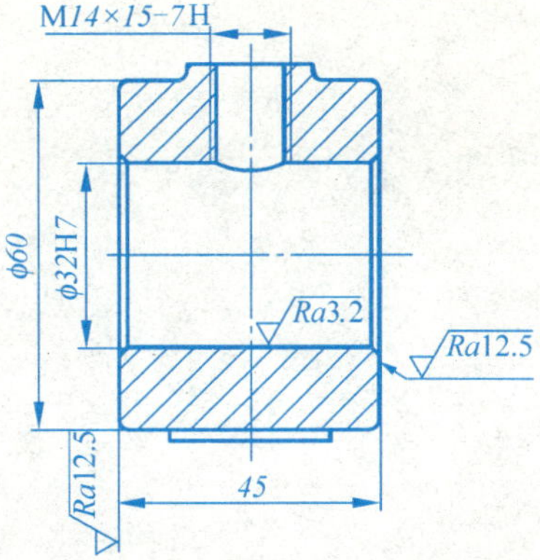

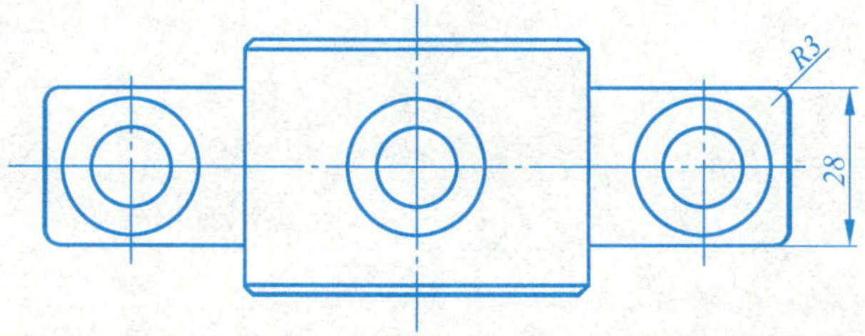

技术要求

1. 所有倒角均为1.5，表面粗糙度为 $\sqrt{Ra25}$。
2. 未注圆角半径为R2。
3. 外表面清理干净。

$\sqrt{\ }$ (√)

名称	轴承座	材料	HT200	数量	1

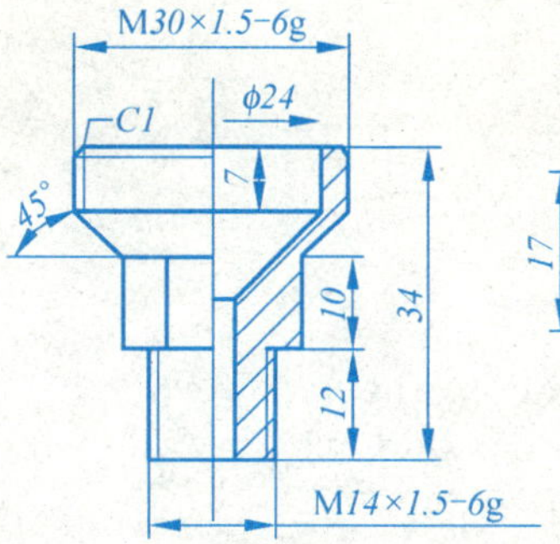

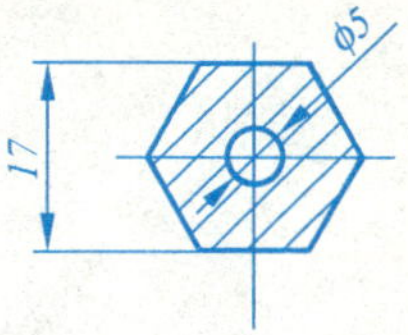

$\sqrt{Ra25}$ (√)

名称	油杯体	材料	ZCuZn38	数量	1

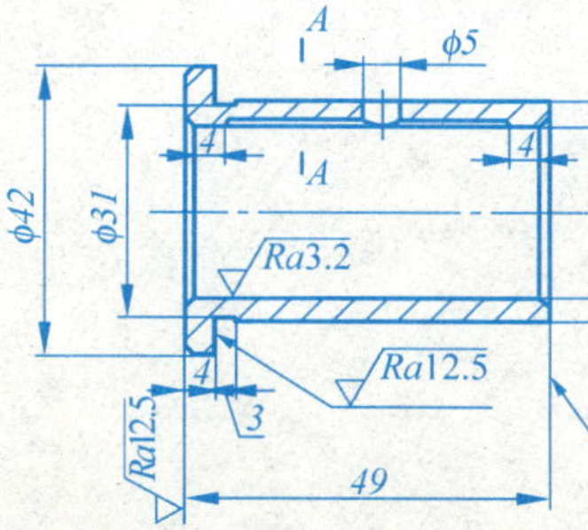

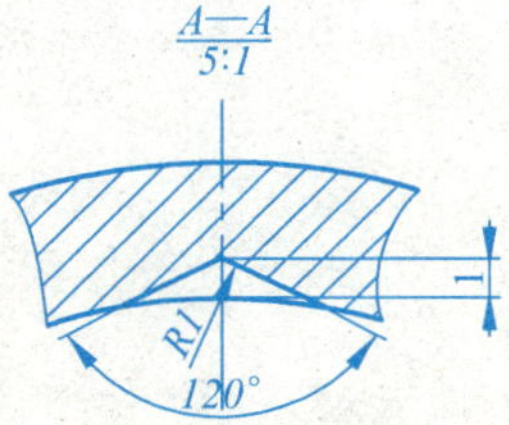

技术要求

1. 所有倒角均为 C1.5。
2. φ5孔装配后加工。
3. 油槽棱角倒圆。

$\sqrt{Ra25}$ (√)

名称	轴衬	材料	ZCuAl10Fe3	数量	1

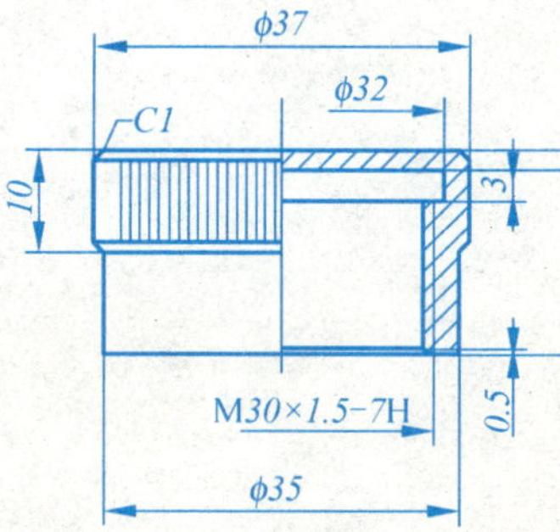

$\sqrt{Ra25}$ (√)

名称	油杯盖	材料	ZCuZn38	数量	1

12.4 读钻模装配图

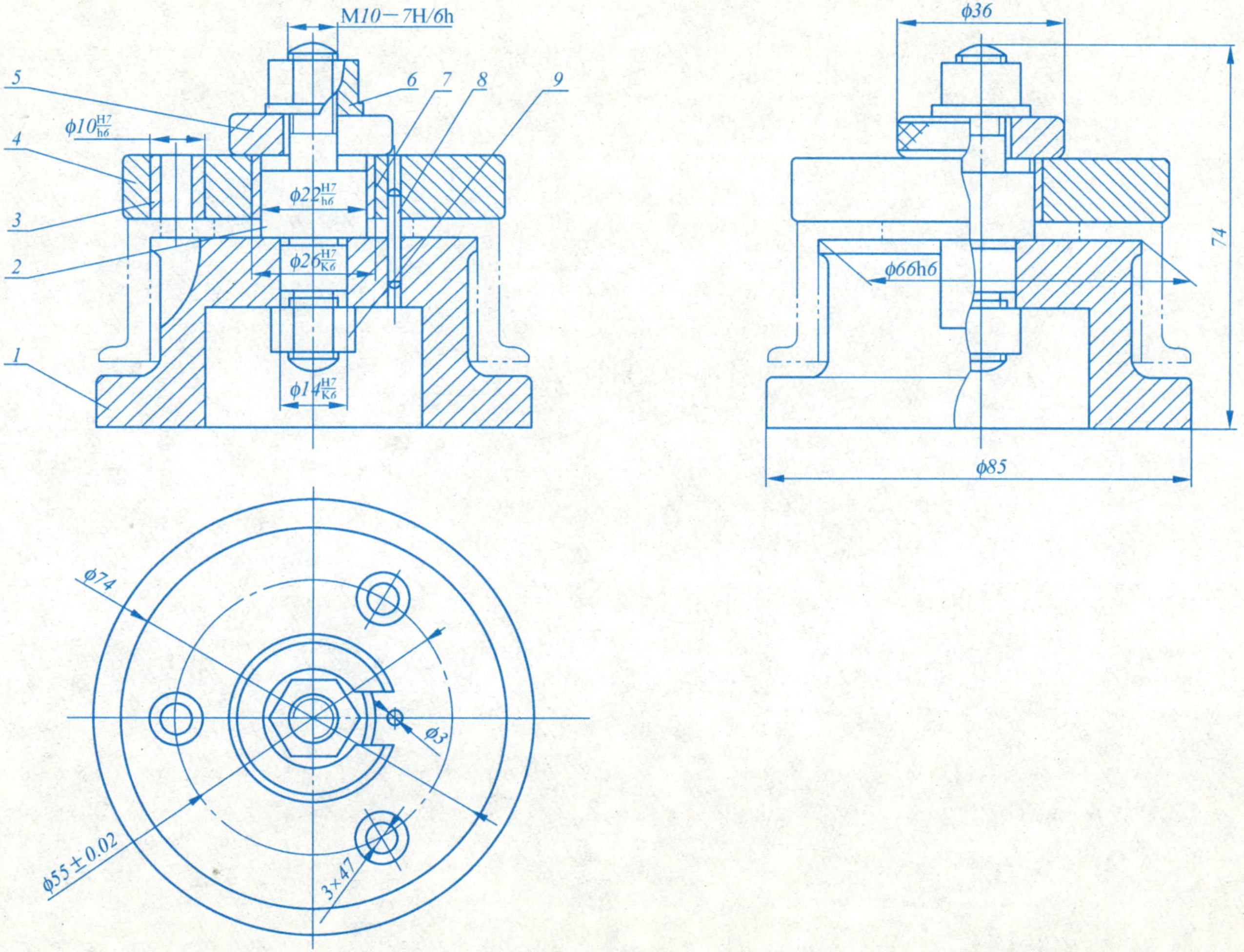
M10−7H/6h
5
6
7
8
9
4
3
2
1
φ10H7/h6
φ22H7/h6
φ26H7/K6
φ14H7/K6
φ36
φ66h6
74
φ85
φ74
φ3
φ55±0.02
3×φ7

一、工作原理：

钻模是用于加工工件上孔的夹具。把工件放在底座1上，装上钻模板4，钻模板通过圆柱销8定位后，再放置开口垫圈5，并用特制螺母6压紧。钻头通过钻套3的内孔，准确地在工件上钻孔。

二、回答以下问题：

1. 钻模由几种共几个零件组成？其中标准件有几件？

2. 主视图、左视图各采用了什么剖视？

3. 底座1的侧面有几个弧形槽？与被钻孔工件定位的尺寸是多少？

4. 钻模板4上有几个$\phi 10\frac{H7}{h6}$孔，钻套3的主要作用是什么？

5. 图中双点划线表示什么结构？属于什么画法？

6. 分析$\phi 22\frac{H7}{n6}$、$\phi 26\frac{H7}{n6}$、$\phi 14\frac{H7}{k6}$的配合性质与特点。

7. 分析被加工零件的装夹与拆卸过程。

8. 拆画件1（底座）或件2（轴）的零件图。

9	六角螺母	1	Q235	GB/T 6179—2000
8	圆柱销	1	40	GB/T 119.1—2000
7	衬套	1	45	
6	特制螺母	1	Q235	
5	开口垫圈	1	45	
4	钻模板	1	40	
3	钻套	3	70	
2	轴	1	40	
1	底座	1	HT150	
序号	名称	数量	材料	备注

钻模	比例	共　张
	1:1	第　张
制图		
审核		

12.5 读安全阀装配图

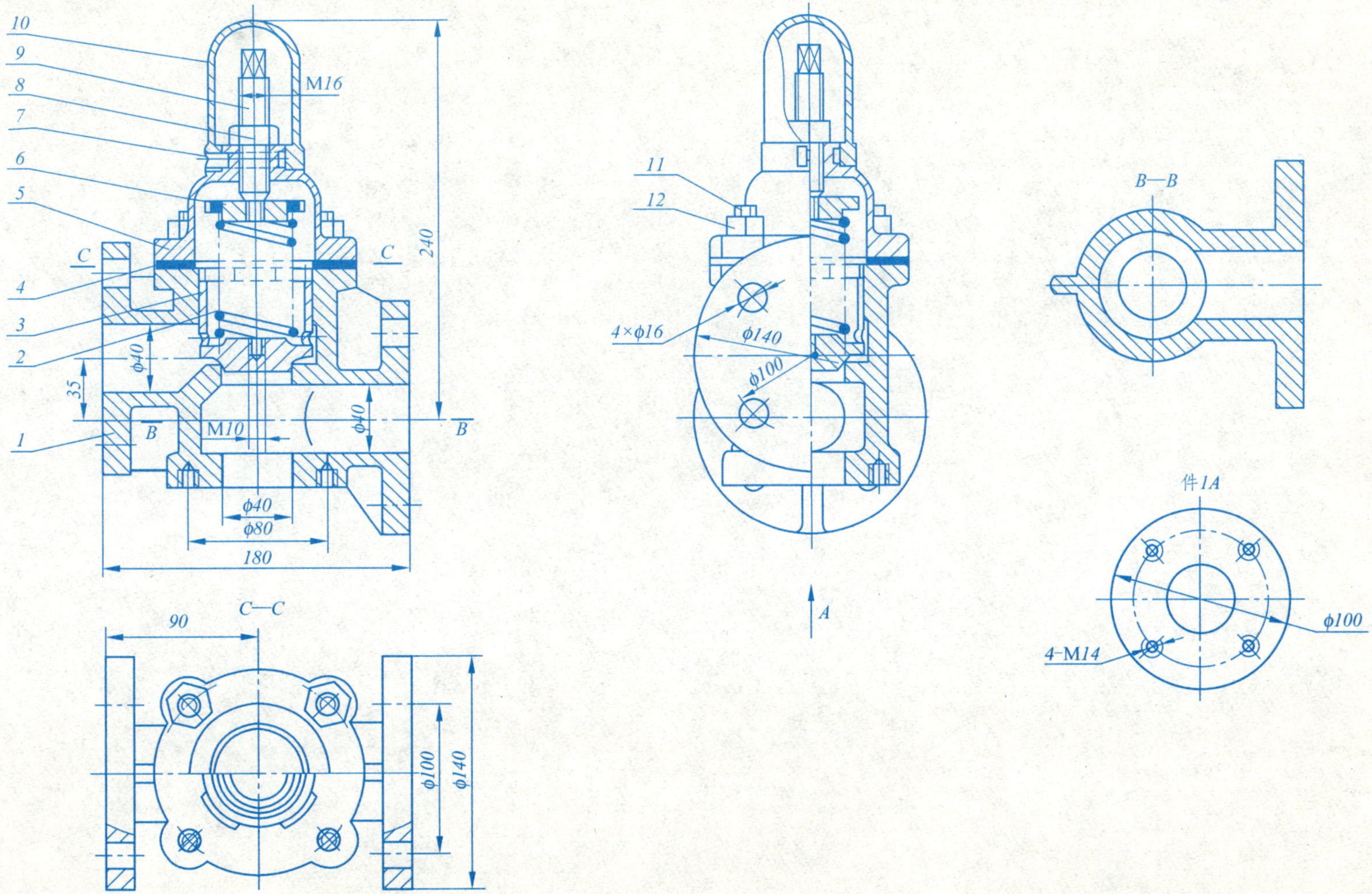
10
9
8
7
6
5
4
3
2
1
M16
C
C
240
ϕ40
35
B
M10
ϕ40
B
ϕ40
ϕ80
180
C—C
90
ϕ100
ϕ140
11
12
4×ϕ16
ϕ140
ϕ100
A
B—B
件1A
ϕ100
4-M14

回答以下问题：

1.安全阀由几种共几个零件组成？

2.分析该装配体视图所采用的表达方法和剖切方法。

3.根据 *B—B* 剖视图分析阀体的内腔结构。

4.调节安全阀的控制压力应靠哪些零件？

5.将阀门 3 从安全阀上拆下，试分析其拆卸顺序。

6.解释图中的标注“4×ϕ16”、“4-M14”的含义。

7.分析装配体的总体尺寸、安装尺寸及特征尺寸。

8.试述安全阀的工作原理。

9.拆画件 1（阀体）或件 3（阀门）的零件图。

12	螺母 M12	4	Q235	GB/T 6170—2000
11	螺柱 M12×35	4	Q235	GB/T 899—1988
10	阀盖	1	ZL101	
9	螺杆	1	Q235	
8	螺母 M16	1	Q235	GB/T 6170—2000
7	固定螺钉	1	Q235	
6	托盘	1	H62	
5	阀	1	HT150	
4	垫片	1		
3	阀门	1	H62	
2	弹簧	1	65Mn	
1	阀体	1	HT200	
序号	名称	数量	材料	备注

安全阀		比例	共 张
		1:1	第 张
制图			
审核			

12.6 读管钳装配图

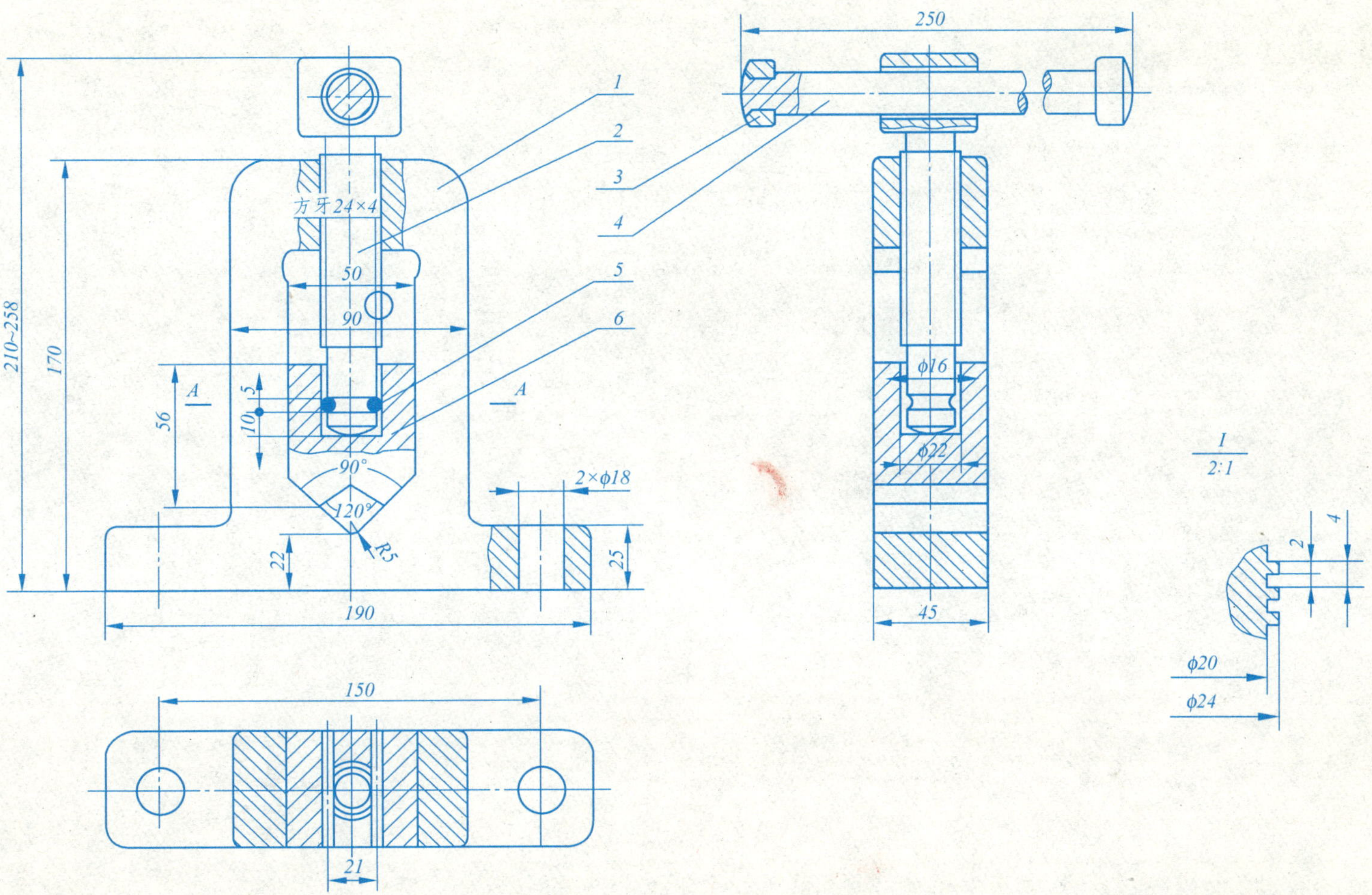
250
1
2
3
4
5
6
方牙24×4
50
90
210~258
170
A
56
5
10
A
90°
120°
R5
22
2×φ18
25
190
φ16
φ22
45
I
2:1
4
2
φ20
φ24
150
21

回答以下问题：

1.管钳由几个零件组成？其中标准件有几种？

2.装配体采用了哪些表达方法？剖视是如何进行剖切的？

3.当转动螺杆2时，滑块6会不会转动，为什么？滑块作什么运动？

4.装配体中的销5是起什么作用？

5.管钳中哪个零件上有螺纹？属于什么类型的螺纹？

6.指出装配体的总体尺寸及安装尺寸。

7.活动钳口的升降范围是多少？

8.说明管钳的装配顺序。

9.拆画件1（钳座）或件6（滑块）的零件图。

6	滑块	1	Q255-A	
5	销 6×45	2	45	GB/T 119.1—2000
4	手柄杆	1	Q215-A	
3	套圈	1	Q215-A	
2	螺杆	1	Q255-A	
1	钳座	1	HT200	
序号	名称	数量	材料	备注
管钳			比例	共 张
			1:1	第 张
制图				
审核				

12.7 读柱塞泵装配图

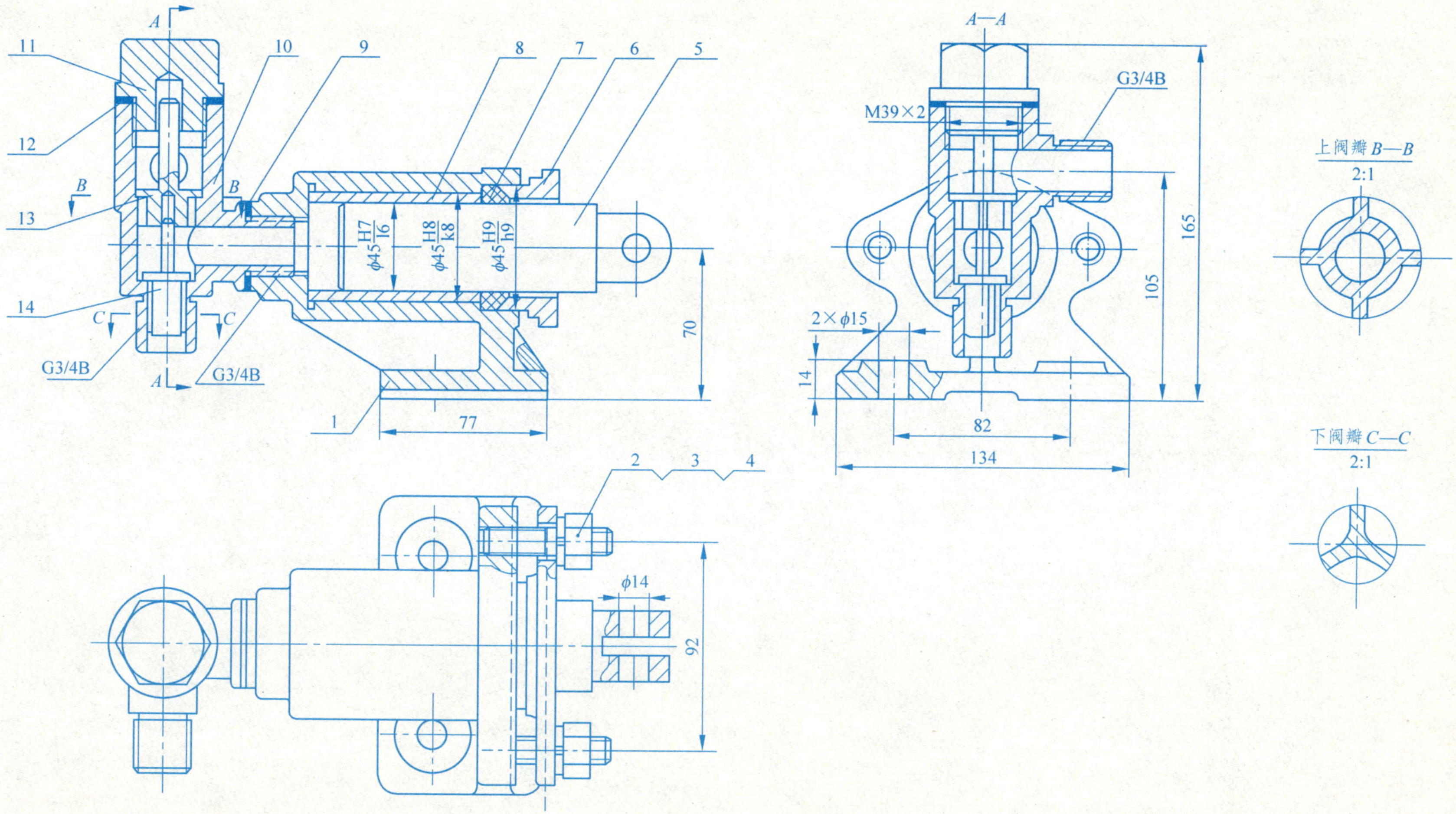

A
11
10
9
8
7
6
5
12
B
B
13
φ45 H7/f6
φ45 H8/k8
φ45 H9/h9
14
C
C
G3/4B
A
G3/4B
70
1
77
A—A
G3/4B
M39×2
165
105
2×φ15
14
82
134
上阀瓣 B—B
2:1
下阀瓣 C—C
2:1
2
3
4
φ14
92

一、工作原理：

柱塞泵是输送油或在液压系统中使油产生压力的装置。当柱塞5向右移动，左端油缸的密封容积增大，因而产生负压，这时油箱里的油在大气压力作用下由进口打开下阀瓣14进入油缸。当柱塞向左移动，油缸容积变小，使油产生压力而关闭下阀瓣14，同时打开上阀瓣13，将油经出油口压出。柱塞连续地往复运动，即可达到吸油和压油的目的。

二、回答以下问题：

1.主视图与左视图中的剖视图的剖切位置在何处？

2.*B—B*、*C—C* 是哪些零件的什么图？

3.衬套8与柱塞5及衬套8与泵体1分别属于什么配合？

4.管接头10与泵体1是属于什么连接？

5.图中G3/4B的含义是什么？

6.柱塞5向右移动时，下阀瓣14向什么方向移动吸油？柱塞向左移动时，下阀瓣关闭，上阀瓣13向什么方向移动压油？

序号	名称	数量	材料	备注
14	下阀瓣	1	ZHMn58-2-2	
13	上阀瓣	1	ZHMn58-2-2	
12	垫片	1	耐油橡胶板	GB/T 5287—2002
11	旋塞 G1/2B	1	ZHMn58-2-2	
10	管接头	1	ZHMn58-2-2	
9	垫片	1	耐油橡胶板	GB/T 5287—2002
8	衬套	1	ZHMn58-2-2	
7	填料	1	毛毡	
6	填料压盖	1	ZHMn58-2-2	
5	柱塞	1	45	
4	螺柱 M12×40	2	Q235	GB/T 898—1988
3	垫圈	2	Q235	GB/T 93—1987
2	螺母 M12	2	Q235	GB/T 6170—2000
1	泵体	1	HT150	

柱塞泵		比例	共　张
		1:1	第　张
制图			
审核			

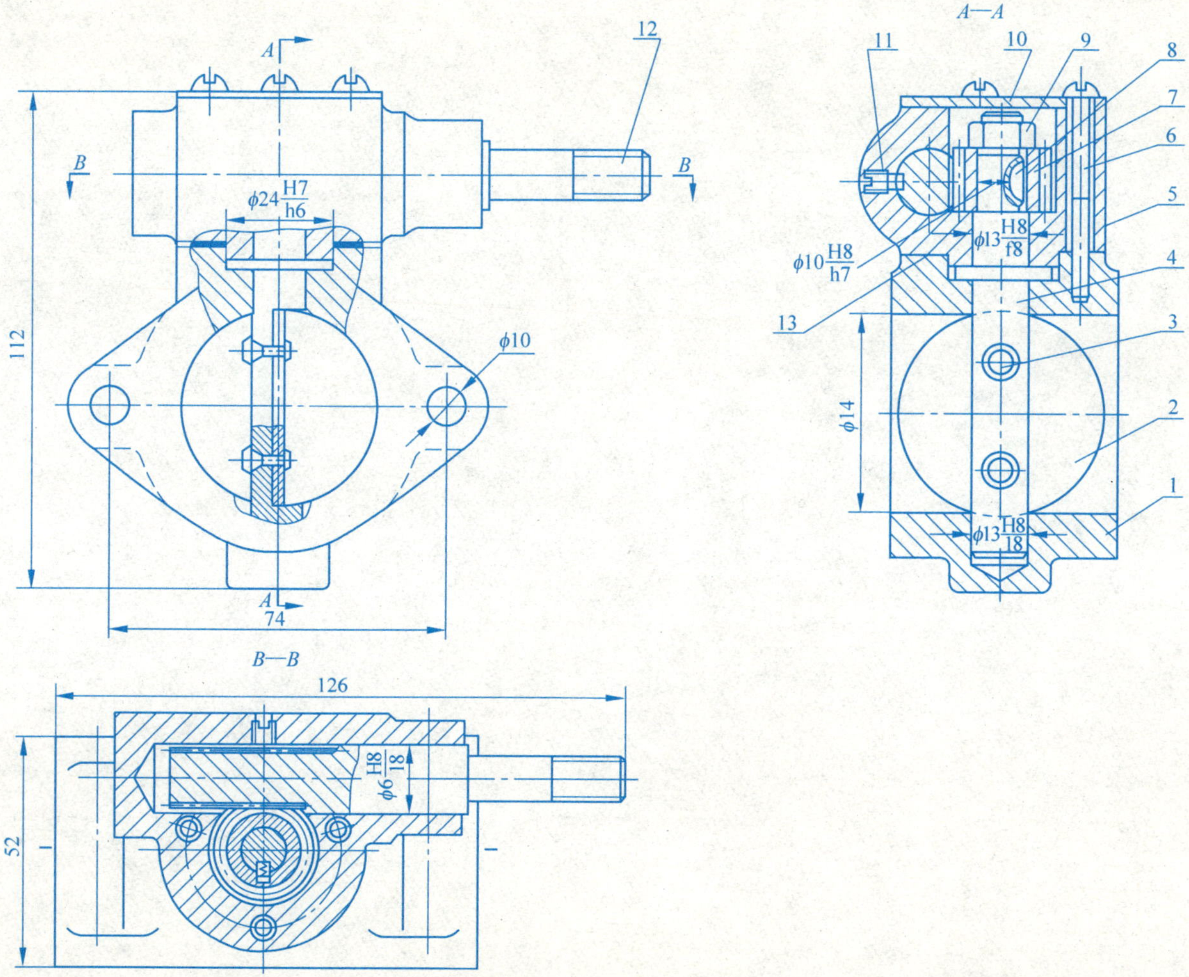
A
A
B
B
12
φ24 H7/h6
112
φ10
74
A—A
11
10
9
8
7
6
5
φ13 H8/f8
φ10 H8/h7
4
13
3
φ14
2
1
φ13 H8/f8
B—B
126
φ6 H8/f8
52

一、工作原理：

蝴蝶阀是在管道上用来截断气体或液体的闸门装置。当外力推动齿杆 12 左右移动时，与齿杆啮合的齿轮 7 带动阀杆 4 旋转，使阀门 2 开启或关闭。

二、回答以下问题：

1.蝴蝶阀由几种共几个零件组成？

2.分析该装配体视图所采用的表达方法。

3.分析$\phi13\dfrac{H8}{f8}$、$\phi10\dfrac{H8}{h7}$的配合性质与特点。

4.分析装配体的总体尺寸、安装尺寸及特征尺寸。

5.分析该装配体的拆装顺序。

13	垫片	1	工业用纸	
12	齿杆	1	45	
11	紧定螺钉 M5	1	35	GB/T 6170—2000
10	盖板	1	Q235	
9	螺母 M8	1	35	GB/T 41—2000
8	半圆键	1	45	GB/T 1089—1979
7	齿轮	1	45	m=1　z=14
6	螺钉 M4	3	35	GB/T 67—2000
5	阀盖	1	HT200	
4	阀杆	1	45	
3	锥头铆钉	2	Q235	
2	阀门	1	Q235	
1	阀体	1	HT200	
序号	名称	数量	材料	备注

蝴蝶阀		比例	共　张
		1:1	第　张
制图			
审核			

参考文献

［1］金大鹰．机械制图（机械类）［M］．北京：机械工业出版社，2001.

［2］彭晓兰．机械制图与计算机绘图［M］．南昌：江西高校出版社，2004.

［3］金大鹰．机械制图习题集（机械类）［M］．北京：机械工业出版社，2001.

［4］郝利华．机械制图习题集［M］．大连：大连理工大学出版社，2005.

［5］朱林林．机械制图习题集［M］．北京：北京理工大学出版社，2006.